湖南工业大学出版基金资助项目

快速凝固与喷射成形技术

范才河 编著

机械工业出版社

本书全面系统地介绍了快速凝固与喷射成形技术的原理、特征、工艺及应用。其主要内容包括：绪论、快速凝固理论基础、快速凝固制备技术、快速凝固合金、喷射成形技术、喷射共沉积技术、多层喷射成形技术、喷射成形坯的成形方法、先进喷射成形技术。本书将快速凝固技术和喷射成形技术有机地结合起来进行了系统阐述，内容简明扼要，具有先进性和实用性。

本书可供材料成形领域的工程技术人员和研究人员阅读，也可供相关专业的在校师生使用，还可作为相关企业员工的培训教材。

图书在版编目（CIP）数据

快速凝固与喷射成形技术/范才河编著. —北京：机械工业出版社，2019.1（2025.1重印）

ISBN 978-7-111-61301-5

Ⅰ.①快…　Ⅱ.①范…　Ⅲ.①快速凝固②喷射冶金　Ⅳ.①TG244②TF538

中国版本图书馆 CIP 数据核字（2018）第 248648 号

机械工业出版社（北京市百万庄大街 22 号　邮政编码 100037）
策划编辑：陈保华　责任编辑：陈保华
责任校对：李　杉　封面设计：马精明
责任印制：郜　敏
北京富资园科技发展有限公司印刷
2025 年 1 月第 1 版第 4 次印刷
169mm×239mm·10.5 印张·211 千字
标准书号：ISBN 978-7-111-61301-5
定价：39.00 元

凡购本书，如有缺页、倒页、脱页，由本社发行部调换

电话服务　　　　　　　　　　网络服务
服务咨询热线：010-88361066　机工官网：www.cmpbook.com
读者购书热线：010-68326294　机工官博：weibo.com/cmp1952
　　　　　　　010-88379203　金书网：www.golden-book.com
策划编辑：010-88379734　　　教育服务网：www.cmpedu.com
封面无防伪标均为盗版

前 言

　　快速凝固技术和喷射成形技术均为20世纪60年代发展起来的材料制备技术。快速凝固技术是一种非平衡的凝固过程，通过急冷生成亚稳相（非晶、准晶、微晶和纳米晶），得到具有超细的晶粒度、无偏析或少偏析的微晶组织、特殊性能和用途的合金材料的过程。喷射成形技术是将快速凝固与成形工艺相结合发展起来的一种材料近净成形技术，其基本原理是熔融金属或合金在惰性气氛中借助高压惰性气体或机械离心雾化形成固液两相的颗粒喷射流，并直接喷到较冷基底上，产生撞击、黏结、凝固而形成沉积坯料。这两种技术的发展和结合，给新型材料的制备开辟了一条新的道路，给金属材料和复合材料的发展带来了新的活力，为材料科学提出了许多研究课题，有力地推动了材料科学的发展。

　　近10年来，作者一直从事快速凝固与喷射成形的理论、技术及3D喷射成形先进材料制备工艺的研究，建立了具有自主知识产权的SF380大型3D喷射成形先进材料生产线，已成功开发出50余种喷射成形高性能铝合金产品，其中铝合金弹壳、铝合金迫击炮管、高速列车铝基复合材料制动盘等产品正在逐步实现产业化生产。为更好地推动快速凝固与喷射成形技术的发展和应用，系统介绍快速凝固与喷射成形技术的特点、优势及应用领域和前景，结合个人和团队科研人员长期积累的实践经验，特编写了国内首本专门介绍快速凝固与喷射成形技术的参考书。

　　本书全面系统地介绍了快速凝固与喷射成形技术的原理、特征、工艺及应用。本书的主要内容有快速凝固的基本理论和快速凝固技术的基础知识，急冷凝固、大过冷凝固、再辉、溶质分配等基本概念，喷射成形技术和喷射共成形技术的基本原理、特点、工艺和装置，多层喷射成形技术制备锭坯、板坯、管坯的装置、工艺及基本原理，各种成形坯的后续加工成形工艺，反应喷射成形和双金属喷射成形两种先进喷射成形技术的原理、特点和工艺等。

　　本书可供材料成形领域的工程技术人员和研究人员阅读，也可供相关专业在校师生使用，还可作为相关企业员工的培训教材。

　　本书的编写得到了安徽建业科技有限公司张建业董事长的大力支持，书中部分理论的实验验证、生产验证以及设备、生产工艺的改进和完善均在安徽建业科技有限公司完成，在此对公司科研人员、生产技术人员及全体员工表示感谢。

　　本书是湖南工业大学出版基金资助项目。在本书的编写过程中得到了湖南大学陈刚教授，中南大学刘咏教授，湖南工业大学张昌凡教授、曾广胜教授、田定湘教授，以及阳建君、欧玲、张波、郑东升等博士的大力支持和无私帮助，博士研究生胡泽艺、硕士研究生沈彤等为本书的文字输入和图片整理付出了辛勤劳动，在此深表感谢。

　　在本书编写过程中参考了大量的文献资料，由于编写的时间比较长，参考文献没有一一列出，在此也深表感谢。

　　由于作者水平有限，加之时间仓促，书中不妥之处，恳请广大读者批评指正。

范才河

目　录

第1章

<<<<<<<

绪　论

1.1　快速凝固技术的发展现状与趋势

　　快速凝固技术是 20 世纪 60 年代才开始出现的一种研制新型合金的技术。半个多世纪以来，随着对快速凝固技术的深入研究，其成果给材料学科注入了新的活力，同时也对固体物理等基础理论构成了严峻的挑战。

1.1.1　历史沿革

　　1960 年，美国加州理工学院 Duwez 等人采用一种特殊的熔体急冷技术，首次使液态合金在大于 $10^7 K/s$ 的冷却速度下凝固。他们发现，在这样快的冷却速度下，本来是属于共晶系的 Cu-Ag 合金中，出现了无限固溶的连续固溶体；在 Ag-Ge 合金系中，出现了新的亚稳相；而共晶成分的 Au-Si 合金竟然凝固为非晶态的结构，也称为金属玻璃。这些发现在世界物理冶金和材料科学工作者面前展现了一个新的、广阔的研究领域。

　　快速凝固技术在 20 世纪 60 年代到 80 年代期间得到了快速发展，该时期具有一定影响的学术事件主要有：

　　1960 年，发明了冷淬枪技术，生产出了过饱和固溶体、亚稳态中间相和金属玻璃。

　　1964 年，研制了第一个超导材料——亚稳态 Au-Ge 晶体相。

　　1966 年，研制了第一个铁磁玻璃——Pd-Si，含少量 Fe、Co 或 Ni。

　　1967 年，研制了第一个软、硬铁磁体——$Fe_{75}P_{15}C_{10}$ 铁基金属玻璃。

　　1968 年，研制了第一个金属玻璃（Zr、Ni、Pd、Cu 或 Co）。

　　1970 年，召开了第一届国际快淬金属会议（RQ-Ⅰ）。

　　1970 年，采用双辊法连续生产出了金属玻璃带。

1971 年，生产出长度为 30cm 的非晶合金带。

1973 年，开发出喷丝技术。

1974 年，研制了第一个超级抗腐蚀金属玻璃 $Fe_{70}Cr_{10}P_{13}C_7$。

1975 年，美国 Allied Corporation 生产出了商品 Metglas 2826，其软磁性能比 Permalloy 好。

1975 年，研制了第一个 La-Au 金属玻璃超导体。

1975 年，召开了第二次国际快淬金属会议（RQ-Ⅱ）。

1976 年，制备和定性了工艺上具有重要意义的金属玻璃 $Fe_{80}B_{20}$。

1978 年，开发出了镍基焊箔。

1978 年，研制了用于防磁屏蔽的商品金属玻璃纤维。

1978 年，召开了第三届国际快淬金属会议（RQ-Ⅲ）。

1979 年，利用平断面流铸造技术生产了宽金属玻璃带。

1980 年，在美国帕西潘尼建设了一座生产 Metglas 合金的工厂，总投资 1000 万美元。

1980 年，提出了有关 Fe-Ni 基金属玻璃催化性质的报告。

1980 年，研制了低密度、高模量 Al-Li 合金。

1981 年，日本索尼、TDK and 松下 3 家公司用磁性玻璃生产出了录音磁头。

1981 年，召开了第四届国际快淬金属会议（RQ-Ⅳ）。

1981 年，美国通用电气公司用 Metglas 非晶合金生产出了 25kV·A 变压器磁芯。

1983 年，Metglas 焊箔应用于美国通用汽车公司喷油引擎。

1984 年，召开了第五届国际快淬金属会议（RQ-Ⅴ）。

1984 年，研制出了第一个二十面类晶体，展示了结晶学中从未遇过的五重对称。

1985 年，开办了《国际快速凝固杂志》。

1987 年，召开了第六届国际快淬金属会议（RQ-Ⅵ）。

20 世纪 90 年代至今，快速凝固技术得到进一步发展，最主要的学术成就体现在大块非晶合金制备技术的高速发展。

1991 年，采用铜模吹铸法制备了直径为 4mm、长度为 50mm 的 Mg65Cu25Y10 非晶棒。

1993 年，开发了非晶形成能力最好的 Zr-Ti-Cu-Ni-Be 合金。

1995 年，成功制备了一系列 Fe 基大块非晶合金。

2000 年，成功制备了 Cu 基大块非晶合金 Cu-Zr-Ti 和 Cu-Hf-Ti。

2004 年，成功开发了高强大块非晶合金 Cu60-Zr20-Hf10-Ti10。

2004 年，大块非晶 Liqualloy 磁芯成功应用于不同类型的感应器。

2009 年至今，大块非晶 Senntix 磁芯大规模应用于多种类型感应器等。

1.1.2 快速凝固技术概述

快速凝固是指采用激冷技术或深过冷技术获得很高凝固前沿推进速度的凝固过程。

快速凝固过程通常是指由液相到固相的相变过程进行得非常快，金属或者合金的熔体急剧凝固成微晶、准晶和非晶态的过程。由于快速凝固的冷却速度达到 10^5K/s 以上（或者凝固线速度每秒达数米以上），使得所制备的金属或合金与常规的凝固金属或合金相比，冷却速度提高了几个数量级，从而使材料的微观组织、结构产生了许多引人注目的变化，性能也有很大的提高。因此，快速凝固给新型材料的制备开辟了一条新的道路，为材料学科提出了许多研究课题，有力地推动了材料学科的发展。

1. 快速凝固材料的组织特征

快速凝固技术一般指以大于 10^5K/s 的冷却速度进行液相凝固成固相，是一种非平衡的凝固过程，通常生成亚稳相（非晶、准晶、微晶和纳米晶），使粉末和材料具有特殊的性能和用途。快速凝固技术得到的合金具有超细的晶粒度，无偏析或少偏析的微晶组织，形成新的亚稳相和高的点缺陷密度等与常规合金不同的组织和结构特征。

快速凝固材料的组织特征主要表现在：

1）细化凝固组织，使晶粒细化。结晶过程是一个不断形核和晶核不断长大的过程，随凝固速度和过冷度的增大，可能萌生出更多的晶核，而生长的时间极短，致使某些合金的晶粒度可细化到 $0.1\mu\text{m}$ 以下。

2）减小偏析。很多快速凝固合金仍为树枝晶结构，但枝晶臂间距可能有 $0.25\mu\text{m}$。在某些合金中可能发生平面型凝固，从而获得完全均匀的显微结构。

3）扩大固溶极限。过饱和固溶快速凝固可显著扩大溶质元素的固溶极限，因此既可以通过保持高度过饱和固溶以增加固溶强化作用，也可以使固溶元素随后析出，提高其沉淀强化作用。

4）快速凝固可导致非平衡相结构产生。

5）形成非晶体。适当选择合金成分，以降低熔点和提高玻璃态的转变温度 T_g（$T_\text{g}/T_\text{m} > 0.5$），这样合金就可能失去长程有序结构，从而成为玻璃态或呈非晶态。

6）高的点缺陷密度。固态金属中点缺陷密度随着温度的上升而增大，其关系式为

$$C = \exp(-Q_\text{F}/RT) \tag{1-1}$$

式中，C 为点缺陷密度；Q_F 为摩尔缺陷形成能；R 为摩尔气体常数；T 为温度。

金属熔化以后，由于原子有序程度的突然降低，液态金属中的点缺陷要比固态金属多很多。在快速凝固过程中，由于温度的骤然下降而无法恢复到正常的平衡状

态，则会较多地保留在固态金属中，从而形成了较高的点缺陷密度。

2. 快速凝固技术的主要方法

（1）动力学急冷快速凝固技术　动力学急冷快速凝固技术简称熔体急冷技术。其原理可以概括为：设法减小同一时刻凝固的熔体体积与其散热表面积之比，并设法减小熔体与热传导性能很好的冷却介质的界面热阻，以及主要通过传导的方式散热。通过提高铸型的导热能力，增大热流的导出速度，可以使凝固界面快速推进，从而实现快速凝固。

根据熔体分离和冷却方式的不同，急冷快速凝固技术可以分为模冷技术、雾化技术、表面熔化与沉积技术三大类。

1）模冷技术，主要包括：枪法、双活塞法、熔体自旋法、平面流铸造法、电子束急冷淬火法、熔体提取法和急冷模法。

2）雾化技术，主要包括：流体雾化法、离心雾化法和机械雾化法。

3）表面熔化与沉积技术，主要包括：激光表面重熔法和离子体喷涂沉积法。

几种典型的快速凝固示意图如图 1-1～图 1-3 所示。

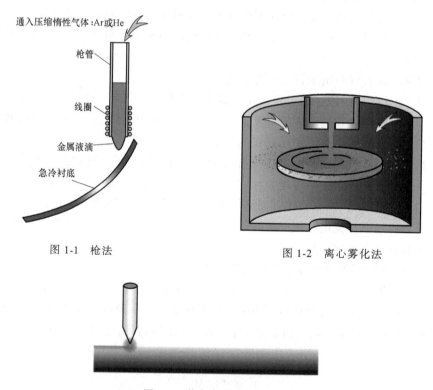

图 1-1　枪法

图 1-2　离心雾化法

图 1-3　激光表面重熔法

（2）热力学深过冷快速凝固　热力学深过冷是指通过各种有效的净化手段避免或消除金属或合金液中的异质晶核的形核作用，增加临界形核功，抑制均质形核作用，使得液态金属或合金获得在常规凝固条件下难以达到的过冷度。

深过冷快速凝固是指在尽可能消除异质晶核的前提下，使液态金属保持在液相线以下数百摄氏度，而后突然形核并获得快速凝固组织的一种工艺方法。对于深过冷熔体，其凝固过程不受外部散热条件所控制，生长速度可以达到甚至超过激冷凝固过程中的晶体生长速度。熔体深过冷的获得，理论上不受液态金属体积限制。因此，深过冷是实现三维大体积液态金属快速凝固最有效的途径。

过冷熔体处于热力学的亚稳状态，一旦发生晶体形核，其晶体的生长速度主要取决于过冷度的大小，基本不受外部冷却条件的控制。如果过冷度足够大，熔体的凝固将远离平衡凝固，从而使深过冷熔体的凝固机制和微观组织表现出与传统凝固不同的特点，主要表现在：

1）晶粒尺寸的细化。这是深过冷的一个明显特征。随着初始过冷度的提高，试样的凝固组织均匀地细晶化，而且当达到某一临界过冷度时，将出现细晶化的急速转变。

2）形成新的亚稳相。深过冷液态金属凝固过程中亚稳相的形成已被许多的研究所证实，并可划分为晶态亚稳相、微晶亚稳相、准晶态亚稳相和金属玻璃。

3）无偏析凝固。深过冷条件下，熔体的凝固速度很高，并有可能达到固液界面绝对稳定速度而保持平面界面的凝固方式；同时，由于固液界面上的原子扩散速度远小于凝固速度，界面上几乎不发生溶质原子的再分配，实际的溶质分配系数近似等于1，所有的溶质均被"陷落"在生长的固相内，使凝固过程成为一种无偏析凝固。

4）定向生长特征。深过冷合金液的自由枝晶生长表现出定向凝固形貌的特征，并且可以认为在过冷熔体中实现定向凝固是可能的，但必须在过冷熔体的某一部位施加一个小的温度梯度。

热力学深过冷获得技术实验方法分类如下：

1）大体积液态金属的深过冷，包括熔融玻璃净化法、循环过热法和熔融玻璃净化法+循环过热法。

2）微小金属液滴的深过冷，包括乳化-热分析法、落管法和无容器电磁悬浮熔炼法。

3）其他形状金属液态的深过冷-熔体急冷法，包括枪法、雾化沉积法、熔体旋转法、锤砧法和单辊法。

1.1.3 快速凝固技术的发展趋势

快速凝固技术的发展，把液态成形加工推进到远离平衡的状态，极大地推动了非晶、细晶、微晶等非平衡新材料的发展。半个多世纪的发展表明，快速凝固技术是一个既充满创造和发展机会，又面临严峻挑战的研究领域。虽然在这一领域中已经取得了许多令人鼓舞的成果并正在得到广泛的应用，但也存在不少需要进一步解决的问题，主要有：

1）快速凝固工作还不够完善。快速凝固技术的具体工艺方法很多，在每一种具体的工艺方法中，又有很多可能影响产品组织结构、性能以及尺寸、质量的工艺参数。这些工艺参数的作用还要受到具体合金的成分和熔体性能的复杂影响，同时许多工艺参数现在还不能准确测定。

2）固结成形工艺有待改进。快速凝固产品的固结成形工艺直接关系到快速凝固合金的最终性能，现在虽然已经引起了广泛的重视，但仍然是快速凝固的薄弱环节。

3）还没有形成系统、完整的快速凝固理论。快速凝固过程中的热传输、质量传输、动量传输、凝固的热力学、界面长大动力学、固液界面稳定性等方面还有不少需要深入研究的问题。

4）有些新型快速凝固合金的性能还需要进一步提高。

5）快速凝固工艺和产品还没有实现标准化。现在可以应用于实际生产的快速凝固工艺方法很多，即使同一种工艺方法的工艺、设备也没有系列化、标准化，这使得已经投入实际使用的快速凝固合金的性能、规格没有统一的标准，用不同工艺方法生产的快速凝固合金在性能上还存在差异。这些问题也影响了快速凝固技术和新型合金在生产中的实际应用。

6）快速凝固生产设备的研制重视不够。

传统的快速凝固追求高的冷却速度而限于低维材料的制备，如非晶丝材、箔材的制备。近年来，快速凝固技术主要在两个方面得到了发展：

1）利用喷射成形、超高压、深过冷，结合适当的成分设计，发展了直接成形的快速凝固技术。

2）在近快速凝固条件下，制备了具有特殊取向和组织结构的新材料。

目前，关于快速凝固技术的研究着重于母合金熔融后分成微小的熔滴，然后再通过冷的基体进行散热冷却，所解决的是传热问题。但从快速凝固技术现存的问题看，解决这些问题时不能靠单一的方法，它是一个系统工程，应从合金本身、金属液的净化、外部强制冷却手段等方面同时采取措施才行。为使快速凝固合金的研制工作走上完善的科学设计的道路，还有一系列的理论研究及试验测试工作有待进一步开展：

1）计算和实测更多的二元及多元亚稳平衡相图。

2）亚稳合金熔体中热物理参量及它们与温度之间的关系需要更多的试验测定工作。

3）关于高生长速度下的胞状晶生长及枝晶向胞晶转变的试验观察和模型化工作。

4）深入分析高生长速度下温度依从的扩散系数及界面附着动力学对枝晶和胞晶生长，以及对界面形貌稳定性的影响。

5）定量表述化学成分及熔体热历史对非均质形核的影响。

6）分析相组成及显微结构与各种使用性能之间的关系。

7）采用计算机辅助工程（CAE）手段，对快速凝固过程实现计算机模拟和定量分析，对合金化学成分及快速凝固工艺参数实现定量设计。

1.2　喷射成形技术的发展现状与趋势

近几十年发展起来的快速凝固-粉末冶金技术（RS/PM），是通过快速凝固制取金属粉末，然后采用各种热致密化工艺来固结坯料，得到晶粒细小、成分均匀、性能优异的粉末冶金材料；但该技术存在工艺复杂、粉末氧化严重、难以制备大件等问题，因此其发展和应用受到一定限制。为了解决上述矛盾，20 世纪 60 年代末又发展起来一种新型的快速凝固和成形工艺，称为喷射成形工艺。该工艺的诞生对铸造、粉末冶金等技术产生了深远的影响，成为当今材料制备最引人注目的方法之一。

1.2.1　喷射成形概念及原理

喷射成形的概念和原理最早是由英国 Swansea 大学的 A. Singer 教授于 1968 年提出，并于 1970 年首次公开报道的。当时他把熔融金属雾化沉积在一个旋转的基体上，形成沉积坯料，并直接轧制成带材。A. Singer 等人主要集中在铝合金方面的研究，一般采用氮气雾化，气体压力为 0.55～0.83MPa，获得的雾化液滴直径为100～150 □m，喷射距离为 0.45m。采用这样的参数，可以获得致密的雾化沉积带坯，存在的主要问题是带材的厚薄不均。图 1-4 所示为 A. Singer 教授提出的喷射轧

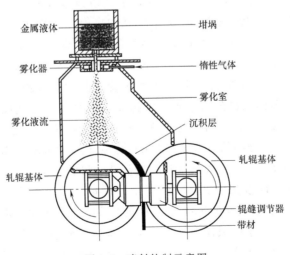

金属液体　　　　　　　　坩埚

雾化器　　　　　　　　　惰性气体

　　　　　　　　　　　　雾化室

雾化液流　　　　　　　　沉积层

　　　　　　　　　　　　轧辊基体

轧辊基体

　　　　　　　　　　　　辊缝调节器
　　　　　　　　　　　　带材

图 1-4　喷射轧制示意图

制示意图。1974 年 R. Brooks 等人成功地将 A. Singer 提出的喷射成形原理应用于锻造毛坯的生产，发展了世界著名的 Osprey 工艺，开发了适合于喷射成形的一系列合金，设计和制造了多种 Osprey 成套设备，并取得了两项专利。从此，Osprey 工艺蜚声于世，成为喷射成形工艺的代名词。图 1-5 所示为 Osprey 工艺的喷射锻造示意图。

1.2.2 喷射成形技术的应用现状

Osprey 工艺现今的发展主要集中在生产半成品形状的预成形坯，诸如管、辊、环、条、盘和块，材料包括不锈钢、工具钢、磁性材料、高温合金，以及高强度铝合金、镁合金、铜合金等高合金化材料。

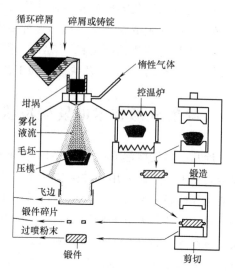

图 1-5　喷射锻造示意图

40 多年来，Osprey 工艺由实验室的研究逐渐发展到工业规模，经 Osprey 公司授权生产的单位分布于欧洲、美国和日本等地区。从产量来看，欧洲约占 55%，美国约占 30%，日本约占 15%。目前，英国 Osprey 公司已经能够生产 $\phi100 \sim \phi250mm$ 的盘和 $\phi150mm \times 1000mm$ 的棒等；瑞典 Sandvik 钢铁公司能够生产 $\phi100 \sim \phi400mm \times 8000mm$，壁厚为 50mm 的不锈钢复合管；德国的 Mannesman Demag 公司能够生产 $1000mm \times 2000mm \times 10mm$ 的钢板；德国的 PEAK 公司能够生产 $\phi150 \sim \phi400mm$，长度为 $700 \sim 1200mm$，质量为 $35 \sim 400kg$ 的 Al-Si 合金坯；美国的 Howmet 公司能够生产 $\phi800mm \times 500mm$ 的高温合金环；德国 Wieland 公司和瑞士 Swiss Metal 公司制备了直径为 $\phi300mm$，长度为 2200mm 的铜合金锭，产品包括取代 Cu-Be 合金的 Cu-15Ni-8Sn、可用作弹簧材料的高 Sn 青铜、制作焊接电极的 CuCrZr 合金及耐磨材料 Cu-C 合金。日本住友重工公司在 1985 年就引入了喷射成形基本技术，1986 年自行设计了中试装置，生产喷射成形轧辊，至今已生产了近 3000 件轧辊，交付 29 家工厂使用。20 世纪 90 年代初，英国锻造轧辊公司、英国制辊公司、谢菲尔德大学和 Osprey 公司联合接受了英国工商部的部分资助，扩大了 Osprey 公司的喷射成形装置，使之能制造 $\phi400mm \times 1000mm$ 的复合轧辊。美国的 Babcock & Wilcox 公司及 National Roll 公司也在执行同样项目，计划用高速工具钢喷射成形制造热轧线材的轧辊。

Osprey 工艺在不断发展。20 世纪 70 年代后期，美国麻省理工学院的 N. J. Grant 教授和加州大学欧文（Irvine）分校的 Lavernia 等人采用超声雾化制备极细的液滴，然后沉积在一个水冷载体上，发展了液体动压成形（LDC）工艺。实际上，LDC 工艺和 Osprey 工艺均属喷射成形，只是前者更加强调雾化液滴的微细效果和沉积坯的冷却效果。

1980 年，英国的 Aurora 钢铁公司开始将喷射成形原理应用于高合金工具钢的生产，进一步发展了雾化沉积工艺，称为控制喷射成形法（CSD）。该工艺一次可连续雾化 2t 工具钢，此外它还可以连续生产其他高合金钢，最终产品为各种棒材、锻件和轧制钢板，产品的孔隙度都接近于零。由于液滴急冷速度高，产品具有十分细小和均匀分布的析出物结构。实质上，CSD 法与 Osprey 法相似，只是 CSD 法使用的是离心雾化装置，而 Osprey 法一般采用气体雾化。CSD 法将液体金属离心雾化为 0.5~1.5mm 的液粒，金属液粒冲击冷衬底时，冷却速度可达 $10^4 \sim 10^6$K/s。但是由于英国经济萧条，Aurora 钢铁公司被迫于 1983 年停止了 CSD 工艺的研究和开发。

在制造超合金时，喷射成形产品达到所需的纯净度还是比较困难的，利用美国通用电气公司发明的专利（USA No5160532）可以解决以上问题，这个方法称为 ECS 法。该工艺由电渣重熔、冷壁感应引流和喷射组合而成，采用了法国 ALD 公司开发的 CIG 喷嘴，可生产纯净、无偏析和组织微细的钢锭。采用此法生产了 René95、René98 和 In718 合金喷射成形锭，坯重为 500kg。

1.2.3 喷射成形技术的发展趋势

喷射成形工艺发展至今已有 40 多年的历史。大量研究结果表明，该工艺是一种原则上适合开发任何合金系列的近净成形技术，它给金属材料和复合材料的发展带来了新的活力。世界一些著名公司（如美国的 General Electric 公司、英国的 Alcan 公司、瑞典的 Sandvik Steel 公司、法国的 Pechinery 公司、日本的 Kobe Steel 公司等）和世界一些著名大学和研究机构（如美国的 Massachusetts Institute of Technology、Drexel University、University of California、Navy College 和 Pennsylvania State University，英国的 Swansea University 和 Birmingham University，德国的 University of Bremen，中国台湾的成功大学等）均在大力开展此项技术的研究和开发。

喷射成形技术的主要优点有：

1）沉积坯冷却速度高（$10^3 \sim 10^5$K/s），晶粒细小，组织均匀，合金成分偏析程度低。

2）所制备材料的氧化程度低。

3）可以制备大尺寸管坯、圆柱坯和板坯，生产率高，力学性能优异。

4）易实现自动化生产，人为影响因素小，每批次产品性能稳定。

喷射成形技术作为一项新型的材料制备技术，已经步入比较成熟的产业化应用阶段，其中以铝材、铜材和钢材的喷射成形技术应用最为广泛。国内喷射成形工艺技术的应用主要集中于航空航天的高温材料领域。随着喷射成形技术研究工作的深入，该技术必将在金属热成形领域得到更广泛的应用。

喷射成形技术的发展趋势主要表现在：

1）理论模型不断完善，自动化控制水平不断提高。喷射成形是一个复杂的过程，受众多工艺参数所影响。该技术的模型化研究应进一步加强，用科学的方法预测不同工艺条件对凝固过程的影响将是未来的主要基础研究方向，同时成形过程的自动化、智能化水平将进一步得到提高，最终实现工艺参数的优化控制。

2）高端产品领域产业化程度不断提高。喷射成形的工艺特点更加适合航空航天、武器装备、高端汽车等领域产品的生产需求，预计在未来一段时间其产业化水平将得到快速发展。日本将进一步加大高速工具钢轧辊的生产规模，拟实现年生产1万对高速工具钢轧辊。瑞典 Sandvik 钢铁公司生产的长达 8m 的镍基复合管材，可用作市政废物焚化炉材料。目前喷射成形技术在大直径管、金属基复合管材与棒材、用于轧机的高速工具钢复合轧辊及 Al-Si 合金汽车部件等领域实现了产业化。

3）基于喷射成形快速凝固的技术特点，建立新型喷射成形合金体系。喷射成形快速凝固的技术特点不同于传统的铸造和粉末冶金材料制备方法，给先进材料的制造提供了新的途径。因此，在开发更高综合性能材料的过程中，打破传统工艺方法对某些合金元素及其含量的限量是喷射成形技术发展的重要方向，如对于 2000系列合金，可以增加难熔元素如 Zr、Ti、V 的含量，从而改进合金的室温与高温强度。

4）提高喷射成品率，回收过喷粉末，进一步降低生产成本。与粉末冶金相比，喷射成形的工艺简单，成本较低，Sano 等人指出采用现有喷射成形工艺时的成本只比粉末冶金工艺的低 6%左右，而如果能充分回收过喷粉末，则可将成本降低 22%。因此，回收利用过喷粉末是降低成本的一个重要途径。同时，降低成本的途径还有降低材料和惰性气体成本，即调整和优化工艺参数以减少气体消耗，提高喷射成品率。

5）探索新工艺，拓展新方法。在高端材料制备领域，基于喷射成形技术的特点和现有产业化规模，进一步探索新的喷射成形工艺，拓展喷射成形新材料制备方法，将是全世界研究者共同努力的方向。如用惰性喷射成形和反应喷射成形技术制备非连续增强金属基复合材料，用喷射成形的包覆技术生产复合双金属坯、管和板，将喷射成形和触变成形相结合等。

第 2 章

快速凝固理论基础

快速凝固理论的研究最早可以追溯到 20 世纪 50 年代初期 Falkenhegen 和 Hoffman 的研究工作，当时他们研究了很多金属及合金的形核过冷度和在高冷却速度（最高达 10^5 K/s）条件下的凝固行为。快速凝固技术的创始人应属于苏联学者 Salli 和美国学者 Duwez。1958 年苏联学者 Salli 为了研究二元合金的相互固溶度问题，开发了快冷的装置。该装置的原理是采用两块铜板夹住飞溅在铜板上的金属液，使液滴冷却速度达到 10^5 K/s。1960 年美国学者 Duwez 采用枪法快冷装置制备了 Au-Si 非晶合金，此法冷却速度估计可达 10^7 K/s。进入 20 世纪 70 年代后，各种快速凝固技术迅速发展，与此同时，快速凝固理论也得到很大的发展。

2.1 快速凝固技术的基本原理

2.1.1 急冷凝固技术

急冷凝固技术（Rapid Quenching Technology，RQT）是指通过提高凝固冷却速度的方法来提高熔体的过冷度和凝固速度。因此，在凝固过程中冷却速度大小是急冷凝固技术的一个重要指标。

急冷凝固技术的核心思想是要提高凝固过程中熔体的冷却速度。从热量传输的基本原理可以知道，一个相对于环境开放的系统，冷却速度取决于该系统在单位时间内产生的热量和传出系统的热量。因此对金属凝固而言，提高系统的冷却速度必须要求减少单位时间内金属凝固产生的熔化热和提高凝固过程中的传热速度。

急冷凝固技术的原理是设法减小同一时刻凝固的熔体体积与其散热表面积之比，并设法减小熔体与热传导性能良好的冷却介质的界面热阻并以传导的方式进行散热。

2.1.2　大过冷凝固技术

大过冷凝固技术（Large Undercooling Technology，LUT）是指使熔体尽可能在接近均匀形核的条件下凝固，以获得大的凝固过冷度和非常高的凝固速度。

通常熔体中的促进非均匀形核质点主要来自熔体内部的夹杂和容器（如坩锅、铸型等）壁。通过将熔体分散成细小的熔滴可以减小熔滴中含有杂质粒子的概率，这样就有可能形成大量的不含杂质粒子的熔滴，同时也减小了单个熔滴中含有的杂质粒子的数量，从而产生接近均匀形核的条件。

为了减小或消除由容器壁引入的形核媒介，主要的方法是设法把熔体与容器壁隔离开，或者在熔化与凝固过程中不用容器。具体的方法大致可以分成两类：

1）熔滴弥散法，即在细小熔滴中达到大凝固过冷度的方法，包括乳化法、熔滴-基底法和落管法等。

2）在较大体积的熔体中获得大过冷度的方法，包括玻璃体包裹法、嵌入熔体法和电磁悬浮熔化法等。

常见金属的均匀形核过冷度如表 2-1 所示。

表 2-1　常见金属的均匀形核过冷度

金属	熔点 T_m/K	过冷度 ΔT/K	$\Delta T/T_m$	金属	熔点 T_m/K	过冷度 ΔT/K	$\Delta T/T_m$
Hg	234.2	58	0.287	Sb	903	135	0.150
Ga	303	76	0.250	Al	931.7	130	0.140
Sn	505.7	105	0.208	Ge	1231.7	227	0.184
Ag	1233.7	227	0.184	Mn	1493	308	0.206
Au	1336	230	0.172	Ni	1725	319	0.185
Cu	1356	236	0.174	Co	1763	330	0.187
Bi	544	90	0.166	Fe	1803	295	0.164
Pb	600.7	80	0.133	Pt	2043	370	0.181

总之，在熔体大过冷技术中凝固过程不受散热条件的控制，其凝固速度可以达到甚至超过急冷凝固的凝固速度；另外熔体大过冷的获得，理论上不受液态金属体积限制。因此，大过冷是实现三维大体积液态金属快速凝固的方法之一。

2.2　熔体的过冷和再辉

2.2.1　熔体过冷理论

在均匀形核条件下，假定稳定凝固时晶核的形状为球形，半径为 r。由于在晶核形成时晶核与熔体之间会形成新的固液界面，使体系增加固液界面能，系统的自

由能变化为

$$\Delta G = -\frac{4}{3}\pi r^3 \Delta G_V + 4\pi r^2 \sigma \qquad (2\text{-}1)$$

式中，ΔG_V 为单位体积固、液相间的自由能之差；σ 为单位面积的固液界面能。式 (2-1) 表明，形核过程实际上是热力学驱动力 ΔG_V 与动力学阻力 σ 之间相互竞争的过程。当熔体中的能量起伏能够克服形核势垒时，晶核才能稳定形成。形核临界势垒 ΔG^* 为

$$\Delta G^* = \frac{16\pi\sigma^3}{3(\Delta G_V)^2} = \frac{16\pi\sigma^3 T_m^2}{3\Delta H_f^2 (\Delta T)^2} \qquad (2\text{-}2)$$

式中，ΔH_f 为熔化热；$\Delta T = (T_m - T)$，T_m 为平衡液相线温度，即熔体的理论熔点，T 为实际形核结晶温度。在熔体的理论熔点 T_m 处，ΔG_V 为零，因此不会发生凝固。在熔点温度 T_m 以下 ΔG_V 与过冷度成正比，因而 ΔG^* 与 ΔT^2 成反比。一般来说，将平衡液相线温度 T_m 与形核结晶温度 T 之差 ΔT 称为过冷度（$\Delta T = T_m - T$）。将处于液相线温度以下的熔体称为过冷熔体。除非充分低于 T_m 时，ΔG^* 仍然较大，因此在一定时间内，液体可以很容易过冷或低于 T_m 而不发生凝固。形核率随着过冷度的增大而增大，式 (2-2) 表明，ΔG^* 随过冷度增大而降低，但过冷度太大时由于熔体的温度很低，原子的扩散能力减弱，因此过冷度 ΔT 太大时形核率又会减小。

当形核过程满足热力学与动力学条件并稳定进行后，形核率的大小将对凝固晶体的许多性质产生重要影响。通常用形核率 I 来定量表示形核过程的快慢，I 的物理意义是表示单位时间内在单位体积的熔体中形成的晶核数量。形核率 I 的计算公式为

$$I = A\exp\left(-\frac{\Delta G^* + Q}{kT}\right) \qquad (2\text{-}3)$$

式中，Q 为熔体中原子扩散激活能；k 为玻尔兹曼常数；A 为与固相结构有关的常数。

式 (2-3) 表明，形核率 I 的大小不仅与形核势垒有关，还与熔体中原子的扩散能力有关。事实上，这种扩散在晶胚发展成为稳定晶核的过程中起着重要的作用。

2.2.2　再辉现象

再辉现象是指金属凝固过程中由于结晶热的释放使得金属重熔的现象。

在熔体结晶形核过程中，熔体向固相转变时会释放出凝固潜热，这些热量将通过固液界面向固相周围的过冷熔体中散失。在液滴的凝固过程中，潜热的产生和液滴表面向周围环境散失热量这两个过程相互竞争，液滴的温度取决于这两个过程相互竞争的结果。过冷液滴开始凝固后，通常凝固速度很快，因此热量由固液相界面

向过冷液体中释放的速度比液滴表面向周围环境中释放的速度要快得多，从而导致液滴温度升高，产生再辉现象。熔体的再辉现象可以用图 2-1 来说明。

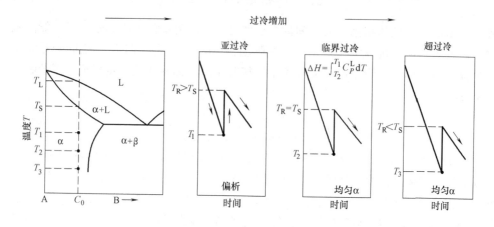

图 2-1　熔体凝固再辉过程的冷却曲线

在图 2-1 中，将成分为 C_0 的合金过冷到 α 单相区域，开始凝固形核，释放的潜热导致液滴产生再辉效应，液滴的温度又回升到 α+L 两相区。若再辉将液滴温度 T_R 回升到对应于 C_0 成分的固相线温度 T_S（$T_R = T_S$），这一条件被称为临界过冷度。当再辉导致的液滴温度仍在固相线以下区域时（$T_R < T_S$），这种条件称为超过冷（Hypercooling）。在临界过冷条件下，再辉效应可以将液滴的实际温度从过冷温度提升到固相线温度 T_S。

2.3　快速凝固时的热流

金属和合金的实际凝固过程总是以过热熔体温度的降低和熔化热的释放为前提的，而这一过程又和已经凝固的固体与尚未凝固的熔体之间，以及整个固体、熔体系统与外部环境之间的热传输密切相关。因此热传输研究或传热研究是一般凝固理论中的基本问题。在快速凝固过程中，正是由于固体、熔体系统内部或系统与环境之间的热传输具有与一般铸态凝固过程不同的特点，所以熔体才能以极高的速度凝固。因此热传输研究更是快速凝固理论中的核心问题。

在快速凝固过程中，液态金属以非常高的凝固速度变成固态金属。急冷凝固的核心是熔体的冷却速度特别高，而大过冷技术的核心原则是减少凝固过程中所放出的热量。

急冷凝固技术中的雾化法、双辊法、旋转圆盘法等工艺制备的试样尺寸足够小，以至于内部热阻可以忽略，界面散热成为控制环节。通过增大散热强度，可实现快速凝固。

急冷凝固是通过提高热流的导出速度来实现快速凝固的，而对大过冷来说，减小凝固过程中热流的导出量是实现快速凝固的关键。通过抑制凝固过程中的形核反应，使合金熔体获得很大的过冷度。凝固时释放出的潜热 ΔH_s 被过冷熔体吸收，可大大减少凝固过程中需要导出的热量，从而获得很大的凝固速度，过冷度为 ΔT 的熔体在凝固过程中所需要导出的实际潜热 $\Delta H_s'$ 可表示为

$$\Delta H_s' = \Delta H_s - c\Delta T \tag{2-4}$$

式中，c 为比热容。

由于凝固速度是由凝固潜热释放率和热量导出速度控制的。忽略液相过热的影响，单向凝固速度 v 为

$$v = \frac{\lambda_s G_T}{\rho_s \Delta H_s} \tag{2-5}$$

式中，λ_s 为固相热导率，ΔH_s 为凝固潜热，ρ_s 为固相密度，G_T 为温度梯度，由凝固层的厚度 δ 和铸件与铸型的界面温度 T_i 所决定。

参考图 2-2，对凝固层内的温度分布做线性近似，得出：

$$R = \frac{\lambda_s}{\Delta H_s \rho_s}\left(\frac{T_k - T_i}{\delta}\right) \tag{2-6}$$

从式（2-5）和式（2-6）可以看出，凝固速度随过冷的增加而增加。当 $\Delta H_s' = 0$ 时，凝固潜热完全被过冷熔体所吸收，试件中无热流导出，则

$$\Delta T = \Delta T^* = \frac{\Delta H_s}{c} \tag{2-7}$$

式中，ΔT^* 为单位过冷度；c 为比热容。

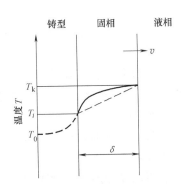

图 2-2　单向凝固速度与
导热条件的关系
δ—凝固层厚度　T_i—铸件与铸型的
界面温度　T_k—凝固界面温度

2.4　快速凝固过程的热力学和动力学

2.4.1　快速凝固过程的热力学

在快速凝固条件下，由于熔体的过冷度很大，形核率和晶核生长速度均很高，因此亚稳相的形成取决于形核过程和晶核生长过程之间的竞争。在快速凝固过程中，某些成分范围的合金易形成超饱和固熔体，有些成分的合金则易形成金属间化合物或其他亚稳相，甚至出现一些相图上没有的非平衡相。某些初生固熔体相的形成可能被压抑，而有些亚稳相便成为优先形成相。当液相中发生 α 或 β 相形核时，合金中最终的相在很大程度上主要取决形核激活能 ΔG^*，异质形核时的 ΔG^* 可以

表示如下：

$$\Delta G^* = 16\pi\sigma^3 T_m f(\theta)/3(\Delta H_c \Delta T)^2 \tag{2-8}$$

式中，σ 为固液界面能，T_m 为合金熔点，ΔH_c 为结晶热，ΔT 为熔体过冷度，$f(\theta)$ 为晶核表面的接触因子。

图 2-3 给出了稳定相 α 和亚稳相 β 的形核和晶核生长条件。该图表明，在过冷度较小时，α 相将优先形核生长；当过冷度较大时，则亚稳相 β 相将优先形核生长，α 和 β 相的生长速度 v 是固液界面温度 T 的函数，与过冷度的关系近似为

$$v = V_o \Delta S_m \Delta T/kT \tag{2-9}$$

式中，V_o 为与熔体传质状态和固溶界面结构有关的常数，ΔS_m 为熔化熵，k 为玻尔兹曼常数。

二元合金平衡相图中，在某一温度或以下，可能发生在固-液界面上析出的固相成分与液相成分相同的凝固过程，即发生无扩散、无溶质分配的凝固。这时的热力学温度即定义为 T_0 温度，在此温度下该成分合金的固、液相自由能相等。不同成分的 T_0 点就构成了 T_0 线。

值得注意的是，这种凝固过程与平界面的稳态凝固过程有原则性的区别的。后者固液界面处于与合金整体成分 C_0 相应的固相线稳定 T_s，虽然析出的固相的成分 $C_S^* = C_0$，但界面处于固相接触的液相中存在溶质富集或贫化现象，界面处液相和固相的成分仍符合 T_s 温度时的平衡溶质分配系数 k_e，固液界面向液相中的推进必须由溶质在边界层中的长程扩散来支持。这种平界面的稳定态（属于界面局域平衡的凝固）通常是在很低生长速度单向凝固的条件下获得的。而界面的非平衡凝固及其极端情况——无扩散、无溶质分凝的凝固，除了其界面温度必须显著低于界面上液相的平衡液相线温度（即出现界面过冷），且低于 T_0 温度这一热力学条件

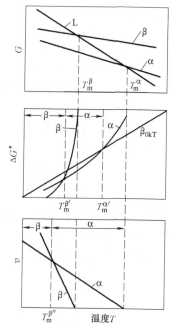

图 2-3 稳定相和亚稳相的形核和生长条件

G—自由能 ΔG^*—形核功 v—生长速度
β_{0kT}——一定过冷度条件下析出的平衡相 β_0

外，同时还必须满足另一个条件：凝固界面的迁移速度 v（固相的生长速度）应显著大于界面上溶质原子调整位置（界面扩散）的速度。

对具体的合金而言，总是存在一个最高的界面温度能够保证结晶过程的进行。当凝固速度足够快时，在界面处固相成分与液相成分相等，无溶质再分配现象发生，从而发生无分配凝固。

含有稳态或亚稳相的相图通常都存在 T_0 线，位于这些相的液相线和固相线之

间。图 2-4 给出了两种共晶相图中的 T_0 曲线。这些曲线的重要用途是可以用于确定熔体在快冷过程中固溶度扩展的上限值。如图 2-4a 所示，如果 T_0 曲线位于液相线以下较低的位置，则熔体中很难形成成分超过 T_0 线的 α 和 β 单相。图 2-4b 与图 2-4a 不同，T_0 线稍低于液相线，这种浅共晶合金在快速凝固时很容易发生固溶度扩展，但不会形成非晶。图中给出了在热力学上可能发生溶质无分配凝固的成分区，实际上，在两个 T_0 线之间的成分区可以形成 α 和 β 混合相，每个相的成分都与液相的成分相同。

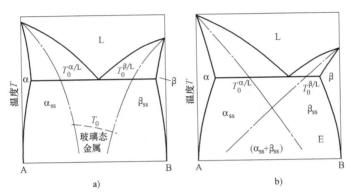

图 2-4　两种共晶系熔体发生结晶转变时的 T_0 曲线

2.4.2　快速凝固过程的动力学

从热力学上讲，当某成分的合金在 T_0 温度以下开始凝固时，可能会出现无扩散、无溶质分配的凝固现象。如果界面迁移速度足够大，使界面贝克来数 $P_i \approx 1$ 时，则熔体也具备了发生无扩散、无溶质分配凝固的动力学条件。

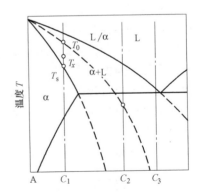

图 2-5 所示为有端际固溶体相及共晶转变的二元合金相图，图中给出了端际 α 固熔体相的液相线和固相线的亚稳扩展线及 T_0 线。虽然从热力学上讲，在 T_0 线以下的凝固行为都可能按无扩散、无溶质分配的模式进行，但由于所形成的固相并非处于吉布斯自由能最低状态，界面上如果出现偶然的扰动，就很容易发生溶质元素在固相与液相间的再分配，从而导致无扩散凝固的失稳和系统向平衡态的过渡。因此，发生无扩散凝固

图 2-5　有端际固溶体相及
共晶转变的二元合金相图

的温度应低于 T_0 温度，如在 T_x 以下才能保持。T_x 的高低与界面迁移速度的大小有关，一般来说应位于该合金成分的 T_0 温度与固相线温度 T_s 之间。

在常规的凝固过程中，熔体的冷却速度不高，过冷度不大，可假定在液相线下每一温度时都有一个相对应的稳定不变的形核率，即所谓的稳态形核理论。但在快速冷却或大过冷条件下的快速凝固过程中，稳态形核理论的条件不再成立，需要采用瞬态形核理论来加以处理。

根据经典形核理论，非均质形核时的稳态形核率 J_S 可表达为

$$J_S = \frac{N_V d_a^2 x_{\text{Leff}} (1-\cos\theta) D \sigma_{\text{m}}^{1/2}}{a^4 \sqrt{f(\theta) RT}} \exp\left[-\Delta G^*/kT\right] \tag{2-10}$$

式中，N_V 为单位体积液相中潜在的非均质形核数；d_a 为形核固相的平均原子直径；x 为有效合金含量，对于 A-B 二元系，当晶核富 A 时，$x_{\text{Leff}} = x_{\text{LA}}/x_{\text{SA}}$，当晶核富 B 时，$x_{\text{Leff}} = x_{\text{LB}}/x_{\text{SB}}$，$x_{\text{Leff}}$ 总是一个 ≤ 1 的数值，x_{Leff} 越接近于 1，表示晶核的成分越接近于合金熔体的成分；θ 为非均质形核时的接触角，$f(\theta) = [2 - 3\cos\theta + \cos^3\theta]/4$；$D$ 为液相中的扩散系数；σ_{m} 为摩尔固-液界面能；ΔG^* 为含有 n^* 个原子的临界晶核形成时的吉布斯自由能变化值或形核功；k 为玻尔兹曼常数；T 为温度；a 为原子跃迁距离；R 为摩尔气体常数。

σ_{m} 按下式计算：

$$\sigma_{\text{m}} = N_0 d_a^2 \sigma \approx a \Delta H_{\text{m}} \tag{2-11}$$

式中，σ 是单位固-液界面面积的界面能；N_0 是阿伏伽德罗常数；ΔH_{m} 是摩尔熔化焓；a 是与固相晶体结构有关的因子。

2.5 快速凝固过程中的溶质分配

与传热过程一样，传质过程也是一切凝固过程的基础。溶质在固液界面前沿已经凝固的固相和熔体之间重新分配是合金常规凝固过程的一个重要特点，它会对凝固合金的微观组织和性能产生重要影响。由溶质分配所产生的严重成分偏析现象是常规铸态凝固合金的一个重要缺陷。

快速凝固可以有效改善甚至完全消除成分偏析现象，因此研究快速凝固过程中的溶质分配机制与规律，对于发展凝固理论和研制具有优异性能的快速凝固合金都具有重要意义。

快速凝固过程中两个最重要的溶质分配是非平衡溶质分配和无溶质分配凝固。

2.5.1 非平衡溶质分配

在快速凝固过程中，凝固速度或固液界面移动速度比铸态凝固时提高了几个数量级，可以高达 1.0m/s。已经观察到，在许多快速凝固合金中固相的溶质实际浓度超过了平衡凝固可能达到的最高浓度，这表明在快速凝固过程中出现了非平衡溶质分配。

　　在常规凝固条件下，出现溶质平衡分配的主要原因是使溶质组元在界面两侧的化学势相等以满足界面平衡的热力学条件。在固液界面移动速度明显提高的快速凝固过程中，界面平衡条件难以成立。如何定性地解释快速凝固过程中溶质非平衡分配现象，常借助溶质捕获的概念。

　　所谓溶质捕获，是指从凝固的界面动力学过程出发，当固液界面迁移的速度很快，局部凝固时间很短时，界面前沿附近熔体中富集的溶质原子还没有来得及完全扩散到远处的熔体中去就已经被高速迁移的界面捕获，使得界面附近固相的实际浓度 C_S^O 升高，相应的界面附近熔体浓度 C_L^O 降低，从而导致 $k_n > k_e$。

　　如果固液界面迁移的速度大于溶质扩散的速度，就会出现 $C_S^O = C_L^O$、$k_n = 1$ 的现象，溶质完全被界面捕获。另一方面，从热力学上考虑，与溶质平衡分配过程比较，由于出现溶质捕获现象时的 $k_n > k_e$，即 $C_S^O > C_S$ 或 $C_L^O < C_L$，根据 $\mu_j^i = \mu_j^{0i} + RT\ln f_j^i C_j$ 可知，溶质组元在固相中的化学势大于其在液相中的化学势，即 $\mu_S^i > \mu_L^i$（$i = 1$，2，3，$\cdots$，n）。相应的溶剂组元的化学势在凝固后将会降低，即 $\mu_S^i < \mu_L^i$（$i = n+1$）。

　　因此，当出现溶质捕获现象时，从能量角度看，溶质与溶剂组元的化学势在凝固前后是沿不同的路径独立变化的，但是对于整个合金系统来说，只要凝固后固相的自由能大于液相的自由能，凝固过程就因存在热力学驱动力而可以进行，因而溶质非平衡分配现象符合热力学基本原理。

　　合金熔体在快速凝固过程中出现的溶质非平衡分配现象，主要是由凝固动力学即固液界面动力学决定的。

　　由于对实际凝固过程中的界面动力学信息了解还比较少，所以在此方面的研究大多采用模拟的方式进行，即首先建立快速凝固过程中固液界面动力学的模型并进行分析计算，导出一定的结论，再与试验观察到的结果进行比较和对初始模型做出修正，从而逐步使模型完善。例如，Aziz 提出的模型认为，在合金常规凝固过程中，固液界面附近的熔体中存在两类原子的运动：一类运动的净效应是熔体原子的相互位置发生变化或重新排列以便形成新的固相结构，同时使固液界面向前移动；第二类运动的净效应是固液界面前沿熔体中的溶质原子向远处的熔体中扩散而产生溶质分配，以便满足界面平衡成分的要求。这两类原子的运动虽然都是原子的扩散运动，但是第一类原子的扩散运动是短程扩散的，而第二类原子的扩散运动则是长程扩散。因此，第一类原子运动的速度有可能超过第二类原子运动的速度。当凝固速度接近甚至超过熔体中原子的长程扩散速度 D_L/a（D_L 为熔体中原子扩散系数，a 为熔体平均原子间距）时，这种可能性就会部分地或者完全变成现实而出现溶质捕获现象。根据这种定性分析，应用化学反应速度理论对溶质捕获现象进行定量研究，求出了当固液界面以台阶长大的方式移动时的溶质分配系数为

$$k_n = k_e + (1 - k_e)\exp(-1/\beta) \tag{2-12}$$

当固液界面以连续长大的方式移动凝固时，溶质分配系数为

$$k_n = \frac{k_e + \beta}{\beta + 1} \tag{2-13}$$

式中，$\beta = Ra/D_i$，D_i 是原子沿固液界面的扩散系数，一般可以近似用 D_L 代替。

2.5.2 无溶质分配凝固

1. 无溶质分配凝固的基本条件

无溶质分配凝固的基本条件是：凝固速度足够大，导致溶质分配系数 $k_n \to 1$，从而完全消除成分偏析。在快速凝固过程中，这种凝固方式对于改善合金的微观组织和性能具有重要的意义。

2. 无溶质分配凝固的热力学条件

从热力学角度考虑，任何一个过程能够进行的必要条件是要有热力学驱动力，对于无溶质分配凝固过程也是如此。对某一合金而言，T_0 是凝固过程中成分相同的固相、液相自由能相等的温度。只有将熔体温度冷却到 T_0 以下进行凝固时，无溶质分配或溶质完全被捕获的凝固方式才有热力学驱动力。

但是，由于不同合金的固相、液相自由能随溶质浓度而变化的规律不同，所以它们的 T_0 曲线形状也不一样，因而并非所有的合金系或合金在所有成分时都存在进行无溶质分配凝固的可能性。例如，在图 2-6 所示的二元合金中，与 α 相和 β 相相对应的 T_0 温度线（T_0^α 和 T_0^β）随溶质浓度的变化速度降低得过快，对于成分位于 T_0^α 线和 T_0^β 线之间的合金（图中阴影线所示的区域），显然无论以多大的过冷度进行凝固也不可能使熔体温度下降到 T_0 以下，因而不会出现无溶质分配凝固的现象。

$T < T_0$ 只是进行无溶质分配凝固或溶质完全被捕获的必要热力学条件而非充分条件。

3. 无溶质分配凝固的动力学条件

无溶质分配凝固的热力学条件没有考虑晶体凝固形貌和释放的熔化热对溶质分配的影响，因此要在凝固过程中真正实现无溶质分配还必须满足有关的动力学条件。动力学条件包括两个方面：

（1）凝固形貌条件　凝固形貌条件要求合金必须以平直界面的等轴晶方式

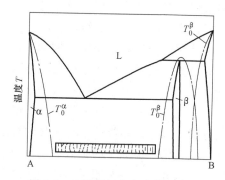

图 2-6　T_0 温度与合金成分的关系

凝固，即只有保持固液界面稳定时才不会产生溶质分配。这是因为在除了大过冷凝固以外的快速凝固过程中，固液界面前沿的熔体中温度梯度在大多数情况下都是正温度梯度，所以当固液界面失稳或者出现胞状晶、枝状晶凝固时必定是在局部熔体或某一时刻出现了成分过冷，因而产生了局部或者瞬时的溶质分配。因此要完全消除溶质分配，除了从总体上系统应该满足上述热力学条件外，还应该在具体凝固过程中满足晶粒的凝固形貌条件。

（2）热流条件　减小凝固过程中热流的导出量是实现快速凝固的关键。通过抑制凝固过程中的形核反应，使合金熔体获得很大的过冷度。同时，凝固时释放出的潜热被过冷熔体吸收，可大大减少凝固过程中需要导出的热量，从而获得很大的凝固速度，从而实现无溶质分配凝固。

在一般的快速凝固过程中，只有同时满足上述热力学条件和动力学条件，合金熔体才能以无溶质分配的方式凝固。这些条件的出发点虽然不同，但都是要求熔体凝固时具有很高的过冷度和很大的凝固速度。

据估计，对大多数合金，当凝固速度增大到约 5m/s 以上时就有可能出现无溶质分配凝固。现在虽然还没有发展出完全无溶质分配的快速凝固合金，但是在熔体旋转快速凝固方法制备的薄带中，与辊面接触（凝固速度最高）区域的组织均为具有平直界面的等轴晶。微区成分测定结果表明，当薄带厚度较小时，这一区域中的溶质浓度等于合金的溶质浓度，即在这一区域中的晶粒是以无溶质分配的方式凝固形成的。在凝固速度比较高的表面熔化快速凝固样品中也观察到过类似的现象。

随着快速凝固技术的发展，完全有可能制备出无溶质分配，因而也没有成分偏析，微观组织非常细小均匀的快速凝固合金材料。

2.6　固液界面稳定性

在快速凝固过程中，成分过冷理论不再适用于判断固液界面的稳定性，实际上快速凝固可使固液界面稳定化，产生成分均匀的材料。

有学者提出了绝对稳定理论，认为如果快速凝固速度达到一定值时，又进入一个新的平面凝固区，就不会生成胞状晶或者树枝晶。

有关平面凝固过程中的固液界面问题可概括出如下规律：

1）在快速凝固时，溶质原子总是起到破坏固液界面稳定的作用。

2）表面张力的贡献总是起到稳定固液界面的作用。

3）液相中的温度梯度不会影响绝对稳定平面凝固区。

4）宏观的扩散边界层越来越薄。

5）绝对稳定理论仍有局限性，只适合于处理单相低浓度合金熔体的凝固行为。

2.7　快速凝固时的形核与长大

快速凝固形核理论服从古典的形核理论，受结晶时原子的重新排列过程制约，固液界面的移动速度服从下式：

$$v \approx fk_i \lambda_S \frac{\Delta G_c}{RT^*} = \frac{fk_i \Delta S_c (T_m - T^*)}{RT^*} \tag{2-14}$$

式中，f 为界面上可以重新安置原子的位置分数；k_i 为结晶时原子重排时的特性频率；λ_S 为每次安置的位移，大约为原子间距；ΔG_c 为每摩尔的结晶自由能；ΔS_c 为每克原子的结晶熵；T_m 为热力学平衡熔点；T^* 为界面温度；R 为摩尔气体常数。

如果受热流控制，则固液界面的移动速度为

$$v = \frac{k_h (T - T^*)}{T_m} \tag{2-15}$$

式中，k_h 为与热流过程有关的特性频率。

由上面两式又可得

$$\frac{(T_m - T^*) T_m}{(T^* - T) T^*} = \frac{R}{\Delta S_c} \frac{k_h}{fk_i} \tag{2-16}$$

由于 $R/\Delta S_c$ 接近于 1，所以界面温度主要是由两特性频率 k_h 和 fk_i 的比值决定。如果 $fk_i \gg k_h$，T^* 接近 T_m，则界面的移动受热流控制。反之，如果 $fk_i \ll k_h$，T^* 接近 T，则界面的移动受界面控制。

快速凝固技术十分重视均匀形核效应，以期获得很大的过冷度。目前过冷度已能达到金属熔点热力学温度的 2/5 左右，下一个目标是希望能够达到金属熔点热力学温度的 2/3。

第 3 章

快速凝固制备技术

3.1 快速凝固技术分类

快速凝固技术可以分为急冷凝固技术和大过冷凝固技术两大类。在急冷凝固技术中，根据熔体分离和冷却方式的不同，可以分为模冷技术、雾化技术、表面熔化与沉积技术三类。模冷技术的主要特点是首先把熔体分离成连续或不连续的、截面尺寸很小的熔体流，然后使熔体流与旋转或固定、导热良好的冷模迅速接触而冷却凝固。雾化技术的主要特点是使熔体在离心力、机械力或高速流体冲击力等外力作用下分散成尺寸极小的雾状熔滴，并使熔滴在与流体或冷模接触中迅速冷却凝固。表面熔化与沉积技术的主要特点则是用高密度能束扫描工作表面，使其表层熔化，或者把熔滴喷射到工件或基底的表面，然后通过熔体或熔滴向工件或基底内部迅速传热而冷却凝固。急冷凝固技术的分类及主要特点如表 3-1 所示。

表 3-1 急冷凝固技术的分类及主要特点

分类	名称	产品形状	典型尺寸 /μm	典型冷却速度/(K/s)	应用	优缺点
模冷技术	枪法	箔片	厚度 0.1~1.0	$<10^9$	中等活性或不易氧化的金属	冷却速度很高,但产品尺寸不够均匀
	双活塞法	薄片	直径 5 厚度 5~300	10^4~10^6	高度活性或极易氧化的金属	适于试验研究,产品不连续
	熔体自旋法 (CBM 或 MS)	连续薄带或线、薄片	厚度 10~100 宽度<10	10^5~10^6	中等活性或易氧化的金属	可以大批量生产,应用十分广泛
	平面流铸造法 (PFC)	宽连续薄带	厚度 20~100 宽度≤150		中等活性或易氧化的金属, 特别是 Fe、Ni、Al 及其合金	
	熔体拖拉法(MD)	连续薄带	厚度 25~1000	10^3~10^6		产品厚度不易控制,冷却速度较低

（续）

分类	名称	产品形状	典型尺寸/μm	典型冷却速度/（K/s）	应用	优缺点
模冷技术	电子束急冷淬火法（EBSQ）	拉长的薄片	厚度 40～100	$10^4 \sim 10^7$	高度活性或极易氧化的金属	产品不易受污染
	熔体提取法（CME 或 PDME）	薄片或纤维	厚度 20～100	$10^5 \sim 10^6$	高度活性或极易氧化的金属（PDME）与中等活性或易氧化金属（CME）	可以大批量生产
	熔体溢流法		厚度 10～30	$10^6 \sim 10^7$		易控制产品尺寸，有大批量生产的潜力
	急冷模方法	楔形或圆柱形薄片	厚度 200～1000	10^3	中等活性或易氧化的金属	应用较少
	双辊法	薄带	厚度<1000，宽度≤300000	$10^3 \sim 10^5$		可以批量生产，应用广
雾化技术	气体雾化法	球形粉末	直径 50～100	$10^2 \sim 10^3$		可以大批量生产，但冷却速度较低
	水雾化法	不规则粉末	直径 75～200	$10^2 \sim 10^4$	非活性或不易氧化的金属	可以大批量生产，应用广泛
	超声气体雾化法（USGA）	球形粉末	直径 10～50	$<10^6$	中等活性或易氧化的金属	冷却速度较高，粉末成品率高
	紧耦合气体雾化法	球形粉末	直径<50	$10^5 \sim 10^6$	中等活性或易氧化的金属	冷却速度较高
	高速旋转桶雾化法（RSC）	球形和不规则粉末		10^6	一般金属	冷却速度较高，但不能连续生产
	滚筒雾化法	薄片	直径 1～3mm 厚度 100	$10^4 \sim 10^5$	中等活性或易氧化的金属	生产速度高，但薄片密度较低
	自由飞行熔体旋转法（FFMS）	纤维	直径 100～200	$10^2 \sim 10^4$	一般金属	冷却速度较低
	快速凝固雾化法（RSR）	球形粉末	直径 25～80	10^5	中等活性金属或易氧化的金属	可以大批量生产，应用广泛
	真空雾化法		直径 20～100	$10 \sim 10^2$		粉末不易污染，冷却速度低
	旋转电极雾化法（REP）		直径≥200	10^2	活性或极易氧化金属	污染小，但冷却速度低

（续）

分类	名称	产品形状	典型尺寸/μm	典型冷却速度/(K/s)	应用	优缺点
雾化技术	双轧辊雾化法	粉末、薄片	厚度100	$10^5 \sim 10^6$	中等活性或易氧化金属	可以大批量生产,冷却速度较高
	电-流体力学雾化法（EHDA）		直径0.01~100	$\leq 10^7$		冷却速度较高,但成品率低
	火花电蚀雾化法	球形或不规则粉末	直径0.5~30	$10^5 \sim 10^6$		粉末尺寸不易控制
表面熔化与沉积技术	表面熔化法	工件的表层	10~1000	$10^5 \sim 10^8$	活性或极易氧化的金属	成本低,冷却速度高
	等离子喷涂沉积法	致密的沉积层	≈1mm	$<10^7$	高熔点金属	设备比较复杂
	表面喷涂沉积法	厚的沉积层	>1mm	$10^3 \sim 10^6$	中等活性或易氧化的金属	生产率高

急冷凝固受急冷产品形状的影响，通常至少在一维方向上尺寸很小，这有利于凝固时熔体迅速传热冷却，如粉末、箔片、纤维、薄带、细丝等形状。但是用来作为结构材料使用的急冷晶态合金，这些形状的急冷产品显然无法实际应用，因此快速凝固技术实际上还包括固结成形技术。应用固结成形技术可以把各种尺寸较小的急冷产品直接成形为所需形状、尺寸的大块产品，或者先成形为大块坯件，再加工成最终产品。

3.2 模冷技术

3.2.1 枪法

1960年，美国学者Duwez采用枪法（Gun Method）快冷装置制备了Au-Si非晶合金，并且又于1967年制备了Fe-P-C系强磁性非晶合金。枪法快冷装置是用高压气体将少量试样（约0.1g）喷射到铜冷却板上，由于高压气体的导入是爆发式进行的，此法的冷却速度估计可达 10^7K/s。

枪法的装置如图3-1所示。其工作原理是：当母合金样品（<0.5g）在石英管中经感应加热熔化后，在高压室中突然通入2~3GPa的高压气流，使放在高压室与低压室之间的聚酯薄膜破裂，从而产生冲击波，冲击波把熔体分离成细小的熔滴，并使熔滴加速达几百米每秒，然后喷射到导热良好的固定铜模上迅速凝固成箔片。由于熔滴喷出时像子弹一样，速度很高，所以这种方法称为枪法。正是因为分离成

的熔滴很小（直径约 $1\mu m$）、冲击到铜模上的速度很高，所以箔片的凝固冷却速度可以高达 $10^7 K/s$，其中箔片可以直接用作透射电子显微镜（TEM）观察的样品。这种方法可以应用于许多合金，但是由于箔片厚度不均匀，形状不规则，每次熔化的母合金数量很少，因此主要限于在实验室中使用。

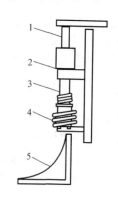

图 3-1　枪法的装置
1—高压室　2—聚酯
薄膜　3—低压室
4—感应线圈　5—铜模

3.2.2　双活塞法

双活塞法的装置如图 3-2 所示。其工作原理是：将质量小于 $1g$ 的母合金经感应加热熔化后滴下，熔滴下落途中挡住射向光电管的光束时，光电线路使驱动活塞相对移动的装置起动，所以当熔滴正好落到由导热良好的铜材制成的活塞之间时，活塞迅速挤压熔滴使之冷凝成薄片。

与双活塞法类似的还有活塞砧法和锤砧法。活塞砧法是用一个固定的金属砧代替双活塞法中的一个可动活塞。在锤砧法中，少量颗粒状的母合金先放在水平放置的金属砧中心，用电弧或电子束等能源加热熔化合金后，在砧上方的金属锤高速落下，熔滴在被锤打击的同时冷凝成薄片。这三种方法比较，双活塞法更具优势，因为熔滴在受挤压时可以从与两个活塞接触的表面同时均匀地迅速散热凝固，因此冷却速度较高，薄片的厚度也比较均匀。此外，在上述这些方法中，母合金是在真空气氛中或保护性气氛中悬浮加热熔化的，因此可以防止石英管对熔体的污染，可以适用于化学活性高、易氧化的金属及其合金，如 Ti、Zr 等。

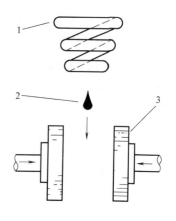

图 3-2　双活塞法的装置
1—压应线圈　2—熔滴　3—活塞

3.2.3　熔体自旋法

熔体自旋法是能够连续生产微晶或非晶条带、细丝薄片的一种快速凝固方法。这种方法产量大，生产成本低，非常适合工业化规模生产。采用熔体自旋法生产的带、丝和薄片的冷凝速度较大，而且被破碎后，可以作为快凝粉末使用，所以备受材料界关注。熔体自旋法主要包括急冷块熔体自旋法和离心熔体自旋法。

1. 急冷块熔体自旋法

急冷块熔体自旋法的装置如图 3-3 所示。其工作原理是：将合金熔体通过漏孔喷射到旋转辊的表面上，熔体与辊面接触时形成熔池，熔池被限定在喷嘴与辊面间，随着辊轮转动，熔体同时受到冷却和剪切力的作用，被不断地从熔池中拖拽出并快速凝固，形成连续薄带。在辊轮离心力以及薄带凝固收缩作用下，薄带脱离轮缘面，薄带的厚度相对于熔池的高度要小得多。一般来说，喷嘴端部与辊轮表面之间的距离一般为 3mm，薄带厚度为 20～60μm，宽度为 3mm。

急冷块熔体自旋工艺的冷却速度为 10^6K/s 左右。这种工艺被广泛用于制取 Al、Fe、Ni、Cu、Pb 等合金料薄带，对于铁基和镍基合金已经工业化规模生产。

工业生产中，急冷块熔体自旋技术尚有不足之处，主要表现在：

1）转轮与熔体之间接触时间短导致传热不足。

2）由于会形成空气边界层，液态金属对轮缘的润湿程度受到限制。

3）在基底高速运动时易产生严重黏结。

虽然这些问题可以通过增加喷射压力克服，但容易导致薄带厚度增加，从而降低冷却速度。

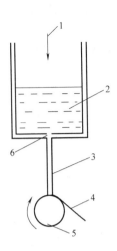

图 3-3　急冷块熔体自旋法的装置

1—压力　2—合金熔体
3—液流　4—条带
5—冷铁　6—漏孔

2. 离心熔体自旋法

离心熔体自旋法能很好地解决了急冷块熔体自旋法在工业生产中存在的问题，其装置如图 3-4 所示。其工作原理是：旋转盘支撑着旋转坩埚，熔体靠离心力通过坩埚上的一个喷孔从坩埚中喷射出来，冲击到相对于支撑坩埚的轮盘反向旋转的铜轮轮缘的内表面。旋转盘和铜轮的转速均可调整，同时坩埚喷孔直径及其与轮缘之间的距离也可调整。

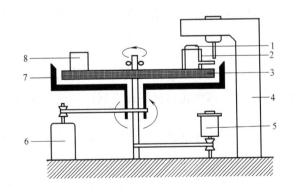

图 3-4　离心熔体自旋法的装置

1—坩埚　2—坩埚座　3—旋转盘　4—锯切分级法　5、6—电动机
7—冷却基体　8—平衡底座

与急冷块熔体自旋法相比，离心熔体旋转法采用更高的金属喷射压力（280kPa）和更高的提取速度（高达95m/s），制备薄带的冷却速度可达10^6K/s。与传统的熔体旋转法相比，该方法生产的薄带形状尺寸更均匀，润湿性更好。

3.2.4　平面流铸造法

平面流铸造法与急冷块熔体自旋法工艺原理非常相似，二者的区别是平面流铸造过程中合金熔体通过矩形狭缝喷嘴喷射到高速旋转的辊面上形成宽带。其装置如图3-5所示。

平面流铸造法的工作原理是：喷嘴配置在紧挨辊面的位置上，熔池被限定在喷嘴底面和辊轮之间，喷嘴的底面对熔池起着约束的作用，使得气体边界层和辊轮的表面粗糙度等因素对熔池的扰动大大减小。

与急冷块熔体自旋法相比较，平面流铸造法的优越性表现在：

1）熔池小于急冷块熔体自旋工艺的熔池，且熔池的稳定性增加。

2）熔池与冷辊表面接触更加良好、稳定。

3）条带的表面品质、尺寸均匀性和组织均匀性更好。

平面流铸造法可制备宽度为10~30mm、厚度为20~100μm、冷却速度约为10^6K/s的薄带。

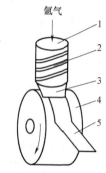

图 3-5　平面流铸造
法的装置
1—坩埚　2—感应加热线圈
3—合金熔体　4—淬冷辊轮
5—金属薄带

3.2.5　熔体提取法

熔体提取法可分为坩埚熔体提取法和悬滴熔体提取法，其装置如图3-6所示。

熔体提取法与熔体自旋法的主要区别在于它没有喷嘴和液体射流，是一种用旋转体的盘外缘与熔融金属接触并提取熔融金属的工艺。其工作原理是：金属在接触面上凝固并黏附在旋转盘上，并停留短暂的时间（在毫秒数量级），然后自然脱离甩出，形成丝、线或纤维。如果熔体装在坩埚内（见图3-6a），该工艺就称为坩埚熔体提取法；如果去除坩埚，靠熔化棒料端部来制取熔融悬滴（见图3-6b），该工艺就称为悬滴熔体提取法。

旋转盘通常采用水冷，且旋转轴垂直于盘面并平行于熔体表面。当旋转盘的周缘穿过熔融金属时，将凝固的金属从熔体中提取出来。由于散热和离心力的作用，金属在经过短暂的滞留时间后以纤维丝的形式自发地从旋转盘上甩出。制作旋转盘的材料可选铝、铜、黄铜、各种钢、镍和钼。铜由于其高导热性、易于加工、高耐用性和相对便宜而成为最常用的材料。

纤维丝的形状可通过旋转盘的几何形状、旋转速度，以及在熔体中浸入的深度

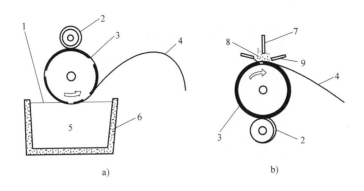

图 3-6　熔体提取法的装置

a）坩埚熔体提取法　b）悬滴熔体提取法

1—纯净的熔融金属层表面　2—滑轮　3—旋转盘　4—薄带　5—熔融金属池　6—坩埚

7—熔料　8—垂直下落液滴　9—热源

等参数来控制。通过简单地调整旋转盘边缘的形状，可以制备带状或具有多种横截面的纤维。在旋转盘周缘上按一定间距设置合适的凹槽，可以获得任意长的纤维。

除旋转盘周缘供给熔融金属的方法不同外，悬滴熔体提取法与坩埚熔体提取法非常相似。在该方法中，直径为 $6 \sim 25\text{mm}$ 的棒料端部被熔化形成悬滴。当液滴接触旋转盘周缘时，它以与坩埚熔体提取法相同的方式形成纤维丝。形成纤维丝后，再调整热源温度和加料速度来实现稳定连续的浇注过程。熔体提取工艺的急冷速度强烈地依赖于纤维厚度，有效直径为 $300\mu\text{m}$ 的钢纤维的急冷速度为 $10^2 \sim 10^3\,\text{K}/\text{s}$，而有效直径低于 $25\mu\text{m}$ 的纤维的急冷速度可超过 $10^6\text{K}/\text{s}$。

与平面流铸造法和熔体自旋法相比，熔体提取法不存在喷嘴堵塞和熔池不稳定性的问题，而且还可用于生产活性金属的细丝、纤维或粉末。这是由于悬滴熔体提取工艺不存在坩埚污染的问题，而在坩埚熔体提取工艺中，可以采用渣壳熔炼，避免坩埚和金属液之间发生反应。相比之下，平面流铸法的工艺参数和产品性能可精确控制，而熔体提取法却更经济和更容易生产出各种合金成分的产品。

3.2.6　熔体拖拉法和熔体溢流法

熔体拖拉法和熔体溢流法的装置分别如图 3-7 和图 3-8 所示。熔体拖拉法的工作原理是：熔融金属从一个喷嘴被拖拉到一个水冷的旋转盘上，液态金属的弯曲液面与旋转圆筒接触后部分凝固，转筒迅速将凝固的金属拖拉出来，形成连续的线或薄带；凝固结束后，最终产品在绕过大约圆周 1/3 处从筒上脱离，然后盘绕。该方法既不要求进行精加工、润滑，也不需要往复运动的模具，也不要求任何复杂的辊轮导向系统用来拖拉铸造产品。

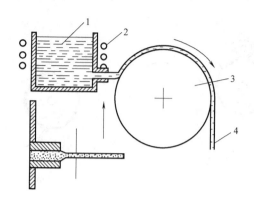

图 3-7 熔体拖拉法的装置

1—坩埚 2—加热线圈 3—水冷转动圆辊 4—薄带

熔体溢流法的工作原理是：熔体通过熔炉侧壁的唇部流到一个旋转的水冷转轮上，如同在平面流铸造和熔体拖拉法中流孔那样，熔体在上表面不受限制。图3-8b中的阴影区为剪切区，由熔体性质（黏度、表面张力）和轮速决定。薄片的脱离速度主要由熔体流速控制，通常靠改变溢流唇后坩埚内的液态金属的位置来调整。在转轮上不同位置刻槽，可以制备具有不同长度的细小纤维。用熔体溢流法制备的纤维容易得到变化的横截面，且可描述成扇形。这样就形成一扇形散热面，再加上纤维在轮上的拖拉时间较长，因而可获得大于 10^6 K/s 的冷却速度。

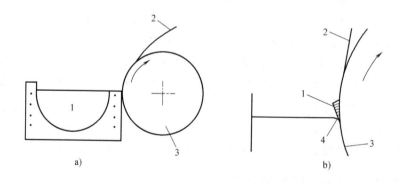

图 3-8 熔体溢流法的装置

a）熔体溢流法原理图 b）溢流唇-轮接触点处剪切区中熔池形状

1—熔体 2—长丝或薄片 3—转轮 4—溢流唇

3.2.7 双辊法

双辊法的装置如图3-9所示。其工作原理是：合金熔体在氩气压力下经漏嘴喷射到高速反向旋转的双辊辊缝中，快速凝固成薄带。用双辊法可以生产厚度小于 1mm 的结晶带，带宽可达 300mm。

3.2.8　电子束急冷淬火法

上述各种采用模冷技术的方法几乎都利用了石英管制作熔化母合金的坩埚，但是某些活性金属（例如钛、锆等金属及其合金）在熔化后的高温下很容易与石英管或陶瓷管发生反应而受到污染。此外，石英管喷嘴因尺寸一般很小，容易产生堵塞问题。电子束急冷淬火法不需要用任何形式的坩埚，是在真空条件下用电子束聚焦后加热垂直悬挂的母合金棒下端，被加热的部分熔化后在重力作用下滴到沿母合金棒为轴心高速旋转的铜盘上冷凝成箔片，并在离心力作用下甩出。箔片的厚度与冷却速度主要由铜盘的转速决定。

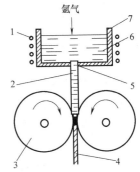

图 3-9　双辊法的装置

1—高频加热器　2—射流　3—冷却
辊轮　4—薄带　5—喷嘴　6—合
金熔体　7—坩埚

采用电子束急冷淬火法可以避免合金污染等问题，应用这一方法制得的急冷钛合金凝固冷却速度可达 $10^4 \sim 10^7 \mathrm{K/s}$。在上述方法中，也可以用电弧、激光束等其他形式的能源熔化母合金棒。

3.3　雾化技术

雾化技术是指熔体在外力作用下被分离成极小雾滴的快速凝固制备技术。

根据雾化方法的不同，雾化技术可分为双流雾化、离心雾化、机械力雾化和多级雾化。双流雾化主要有气体雾化和高压水雾化；离心雾化主要包括旋转盘雾化、旋转水雾化和旋转电极雾化以及激光自旋雾化等；机械力雾化主要指真空雾化、电动力学雾化和固体雾化等；多级雾化的典型方法有组合喷嘴雾化和多级快冷雾化。

3.3.1　双流雾化法

双流雾化法是指通过雾化喷嘴产生的高速高压工作介质流体，将熔体流粉碎成很细的液滴，并主要通过对流方式散热而迅速冷凝的方法。双流雾化法的工作介质主要是气体和液体。熔体的冷却速度取决于工作介质的密度、熔体和工作介质的传热能力和熔滴的尺寸。熔滴尺寸主由熔体的过热温度、熔体流直径、雾化压力和喷嘴形式等雾化参数来决定。

1. 紧耦合气体雾化法

紧耦合（Close Coupled）气体雾化法属亚声速气流雾化法，是粉末冶金最常用的制粉方法之一。

所谓紧耦合气体雾化法是指喷嘴与导液管交汇非常紧凑，高压气体一经出口就与液流相撞击的一种气体雾化方法。在这种方法中熔体冷凝速度达到 $10^5 K/s$ 以上，所制备粉末的平均粒度不大于 50um。

（1）特点　与传统的气体雾化法相比，紧耦合气体雾化法具有明显的优点，如图 3-10 所示。传统气体雾化法的气体交汇处的焦点离导液管出口有一段距离，金属熔体首先分裂成粗的液滴，然后是不规则的薄片，最后变成液粒；紧耦合气体雾化方法的金属熔体被高压气体直接雾化为液粒，由于气流与液流较为接近，其气体动能的保持率较高，气体动能被液体吸收率更高。

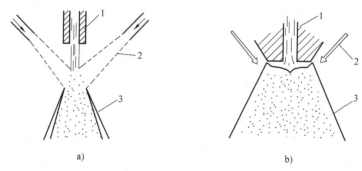

图 3-10　传统气体雾化法和紧耦合气体雾化法的区别
a）传统气体雾化　b）紧耦合气体雾化
1—导流管　2—气体喷嘴　3—雾化锥

（2）应用　紧耦合气体雾化过程中一个最常见的问题是在导液管下端容易堵塞，从而导致雾化难以连续进行。后来采用了增加熔体过热度的方法，上述问题有所改善，但只能使问题得到部分解决，因为强烈的高速冷气体流是导致导液管下端渐渐冷却的主要原因。通过加热导液管、采用复合喷枪结构和对导液管下端的几何形状进行处理等方法，以确保导液管下端接触金属熔体部分的温度不会低于熔体的温度，这样可以较好地解决这个问题。

紧耦合气体雾化法制备金属粉末的装置如图 3-11 所示。常用的紧耦合喷嘴一般都采用紧耦合环缝式、对称式气体喷嘴，还可以使用非轴对称式气体喷嘴和非轴对称式导液管。非轴对称气体喷嘴法也是制备细粉末的一种方法。一般来说，产生非轴对称气流的方法有很多种，如采用非轴对称形环缝的喷嘴或非等尺寸气体喷嘴的组合、非正锥形的液流导管端部、非同心轴气流、分隔气流束都能产生非轴对称气流。

紧耦合气体雾化法采用非轴对称雾化系统比采用轴对称雾化系统生产的粉末微细得多。其主要原因是雾化液流呈羽毛状伸展，非轴对称雾化法可以减小雾化气体和雾化液流在焦点处的收缩，从而改善导液管出口处液膜的形成。当非轴对称雾化系统能够生成多个羽毛状液流时，细粉末的生产率就会大大提高。采用轴对称式紧

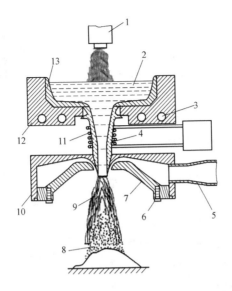

图 3-11　紧耦合气体雾化法制备金属粉末的装置
1—加热器　2—合金熔体　3—冷却装置　4—导流管　5—气管
6—螺栓　7—可调节环形结构　8—粉末　9—液粒
10—紧耦合喷嘴　11—加热装置　12—坩埚　13—金属壳

耦合喷嘴生产的镍基超合金粉末，粒度小于 37um 的粉末占 40%～60%；而采用非轴对称式的紧耦合喷嘴生产该种粉末时，粒度小于 37μm 的粉末占 70%～80%。

2. 层流气体雾化法

（1）特点　层流气体雾化法的主要特点是：气体不再以某一高度冲击液态金属流，而是平行于金属液流。在液流表面产生剪切和挤压作用，使液流直径不断减小，发生层状纤维化。这种雾化方法的效率高。粉末的冷却速度可达到 $10^6 \sim 10^7$ K/s。

层流气体雾化技术是德国柏林的 NANOVAL GMBH 公司发明的，该技术和以往的通过雾化气流对金属熔体产生的振动和冲击来破碎成粉的方法不同。层流气体雾化法的气体消耗量仅为紧耦合气体雾化法的 1/3，为自由落体式的 1/7，具有很大的经济性。

（2）喷嘴结构及工作原理　层流气体雾化装置的喷嘴结构如图 3-12 所示。

该装置的工作原理是：在一定压力下，气体与金属液流一起通过拉瓦尔喷嘴；在拉瓦尔喷嘴入口与狭小通道区域之间很短的范围内，气体从几米每秒加速到声速（氩气：306m/s，氮气：377m/s，氦气：971m/s；在 273.15K 和 0.1013MPa 条件下）；气体减压，开始时为 p_1，到达狭小区域时为 p_2，则压力比为 p_1/p_2。气体压力比对于气体雾化过程是一个常数，这些常数决定了气体的动力学状态（压力、密度和速度），可以确定初始的气体压力 p_1。

因为气流在拉瓦尔喷嘴中被急剧加速，气体可以保持小流量并保持稳定。金属液流被气流平行地拖曳飞行，在剪切应力作用下变成细丝。气体在通过狭小区域的过程中，把能量传递给液流。径向发散的气体可以稳定熔体使其不发生分离或波峰剥离。因此，在狭小区域形成了直径不变的细丝，在熔体自由流动的情况下甚至可以得到更细的细丝。与稳定推动同时作用，可以得到非常稳定及高精确度的气体参数，因此可以得到均匀、细小的粉末。通过狭小区域以后，气流迅速减压并加速到超声速，在气体和液体接触面上产生剪切应力，导致液流变为纤维状，并随着外部气体压力的下降而变得不稳定，然后破碎成许多更细的细丝。因为流体

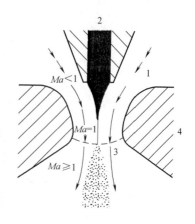

图 3-12　层流气体雾化装置的喷嘴结构
1—金属液流　2—气流　3—拉瓦
尔喷嘴　4—喷嘴通道
注：Ma 为马赫数。

力学的不稳定性，进而又碎裂成小片状，并在表面张力的作用下收缩成球形液滴并冷却凝固成粉末。

在气体压力大约为 2MPa 时，用氩气和氮气雾化金属熔体可以制得粉末粒度 d_{50} 约为 10μm 的粉末，而用氦气雾化时可以制得 d_{50} 约 5μm 的粉末。这些粉末的平均粒径偏差在 1.6~1.8μm，而传统雾化粉末的粒径偏差大于 3μm。采用层流气体雾化流制备的粉末颗粒的形貌为球形。

3. 超声雾化法

（1）特点　超声雾化法是一种著名的快速凝固制粉方法。这种方法最初是由瑞典人发明的，后经美国 MIT 的 Grant 教授改进而成。超声雾化器是由拉瓦尔喷嘴和哈特曼（Hartman）振动波管组合在一起构成的，既能产生马赫数 $Ma=2~2.5$ 的超声速气流，又能产生 80~199kHz 的超声波气流。该法用于制备低熔点合金粉末已实现工业化生产规模，但高熔点合金粉末的生产仍处于试验阶段。雾化气体一般选用氩气和氮气，粉末的冷却速度达 $10^4~10^5$K/s，雾化气体的压力为 8.3MPa，制备的 Al 粉最小平均粒度为 22μm。

（2）喷嘴结构　根据流体力学原理，对于直线型喷管，气体进口速度 v_1 和气体出口速度 v_2 是相等的，气流速度虽然随进气压力升高而增大，但提高幅度是有限度的；对于收缩型喷管，在所谓临界断面上的气流速度是以该条件下的声速为限度；对于拉瓦尔喷嘴，是先收缩后扩张，在临界断面上，气流临界速度达声速，压缩气体经临界断面后继续向大气中做绝热膨胀，气体出口速度（v_2）可超过声速。超声雾化喷嘴的结构如图 3-13a 所示，其中超声雾化喷嘴为拉瓦尔喷嘴，其原理如图 3-13b 所示。

　　此外，超声雾化喷嘴还可采用哈特曼管。如图 3-13c 所示，哈特曼管由一个喷气管和一个可调节的共振腔组成，气流通过喷管 A 时可能引起伯努利（Bernoulli）效应，达到超声速，在 S_1 处压力降到最低，超过此点后则形成不稳定的气体堆积，从而成为冲击波前沿（如图 3-13c 中虚线所示）。这一现象将在等间距的 S_1、S_2 处重复产生。

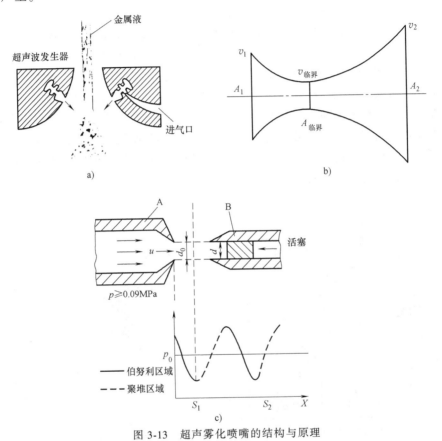

图 3-13　超声雾化喷嘴的结构与原理

a）超声雾化喷嘴　b）拉瓦尔喷嘴的原理　c）哈特曼管的原理

v_1—气体进口速度　v_2—气体出口速度　$v_{临界}$—临界面的气体速度

A_1—气体进口截面面积　A_2—气体出口截面面积　$A_{临界}$—临界截面面积

A—喷管　B—熔体喷嘴　u—气体射流速度　d—共振腔直径　d_0—喷管出口直径

p—气体压力　p_0—平均气体压力　S_1、S_2—超声波波谷

　　（3）应用　超声雾化法与普通气体雾化法相比，雾化效率有大幅度提高，但也存在一些问题，如粉末颗粒的尺寸分布范围较宽，设备庞大，气体的消耗量很大，粉末颗粒存在"卫星组织"（即大颗粒粉末表面上粘有小颗粒粉末），生产成本较高。图 3-14 所示为一种典型的超声雾化制粉装置。

　　为了解决超声气体雾化法存在的上述问题，Ruthard 等人采用静态毛细管张力波直接雾化金属，金属液体流至超声聚能器辐射面形成一薄液层，金属薄液层在超声振动作用下分散成微小的液粒，液粒破碎所需的能量仅来自电能转化过来的声能。金属液体与超声聚能器振动表面直接接触所需的能量小，也不像超声气体雾化法那样要消耗大量的气体。

一般来说，用电声换能器来进行超声雾化有两种形式：一种是压电换能器在液体中辐射强超声，通过薄透声波辐射到溶液中，而在液面上产生喷泉雾化；另一种为使液体流至超声聚能器辐射表面并形成薄液层，薄液层在超声振动作用下激活表面张力波，当振动面的振幅达到一定值时，液粒从波峰上飞出。

由图 3-15 可见，采用压电换能器的超声振动雾化器一般由压电换能器、超声聚能器和工具头等组成。压电换能器的主要作用是借助压电晶体的压电作用，将高频电振荡转化为机械振动。压电换能器大多采用螺栓夹紧的纵向振子，材料主要采用压电陶瓷。超声聚能器，又称超声变幅杆，其作用是将机械振动的速度放大，或者将超声能量集中在较大的面积上，即聚能作用。工具头是将金属液体在超声振动下铺展成膜，再抛出成雾的装置。

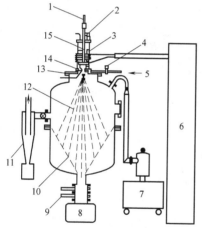

图 3-14　超声雾化制粉装置

1—热电偶　2—控制棒电磁阀　3—坩埚
4—电磁阀　5—雾化气体　6—电源
7—机械真空泵　8—收集器　9—隔
离阀　10—收集伞　11—旋风分
离器　12—雾化锥　13—超声雾
化喷嘴　14—冷却器　15—控制棒

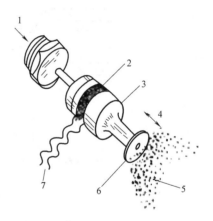

图 3-15　采用压电换能器的超声振动
雾化器

1—金属液体　2—压电换能器　3—超
声聚能器　4—振子　5—液粒
6—工具头　7—高频电压

如图 3-16 所示，超声雾化制粉的原理是：装置开启之后，作为阴极的金属棒端部与等离子枪内部电极之间形成氩弧等离子体，在高温等离子轰击下，金属棒端部被熔化。为了控制熔化速度，换能器连同变幅杆做低速往返转动，并且缓慢上升，并使等离子发生器与金属棒的端面的距离保持不变。

4. 高压水雾化法

（1）特点 高压水雾化法是粉末冶金中常用的制粉方法之一，主要用于制备铁、碳钢、低合金钢和高合金钢等粉末，也可以用来制备铜、钴、镍、铅、锌、锡、铝等多种粉末。由于采用了密度较高的水作为雾化介质，冷却速度比一般亚声速气流的冷却速度高出一个数量级，达 $10^3 \sim 10^4 \mathrm{K/s}$。当水流压力为 $8 \sim 20\mathrm{MPa}$ 时，制得的粉末平均粒度为 $75 \sim 200\mu\mathrm{m}$。高压水雾化法只限于生产不会过度氧化或在雾化后氧化物能被还原的合金粉末，这种雾化法的能量利用率较低（≤4%）。近年来水雾化制粉技术取得显著进步，已能生产平均粒径小于 $10\mu\mathrm{m}$ 的金属粉末。

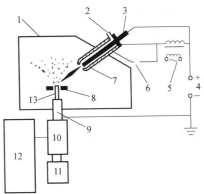

图 3-16 超声雾化制粉的原理

1—雾化腔 2—氩气流 3—阴极 4—电源
5—高频引弧装置 6—引弧电源 7—喷嘴
8—高温防护罩 9—变幅杆 10—换能器
11—旋转升降机构 12—发生器
13—金属棒（阴极）

（2）喷嘴结构及应用 高压水雾化喷嘴的结构如图 3-17 所示。当雾化水压超过 70MPa，可制得粒径小于 $10\mu\mathrm{m}$ 粉末。由于注射成形所需的微细粉末一般要求为球形粉末，这就给高压水雾化粉末的应用带来了很大困难。

日本大同特殊钢株式会社开发了高压水雾化制取球状粉末的新工艺。这种工艺的主要特点是，将熔化液体注入中间仓保持一定的液面高度，控制喷嘴的喷射角（θ）。一般来说，θ 角越小，所获得粉末的摇实密度越大，越容易得到球形粉末。但是 θ 角越小时，所得粉末的平均粒径增大，因此采用高的雾化水压，控制 θ 角的大小可得到微细的球形粉末。

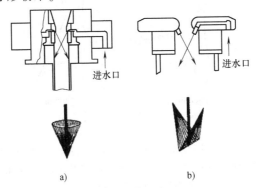

图 3-17 高压水雾化喷嘴的结构

a）锥形喷嘴 b）V 形喷嘴

日本福田金属箔粉工业公司采用旋流喷水的高压水雾化装置来制备微细的球形粉末。该装置所用喷嘴（见图 3-18）喷出的高压射流，不同于传统的圆锥形射流，它并不集中于喷嘴的几何焦点上，而是在焦点附近形成空洞，并在聚成缩颈后对称地形成回旋射流。从喷嘴喷出的回旋喷水射流的水压为 83.3MPa，流量为 2.3dm³/s，喷嘴顶角为 0.87rad。在熔体温度为 1473K，液流直径为 4mm 时，通过改变喷嘴的旋流角度（ω）制备了 Cu-10%Sn 合金粉末，并发现：随着 ω 角增大，所得粉末的平均粒径从 12.5μm 下降至 7.5μm，合金粉末的表观密度和摇实密度都增大了，粉末颗粒的形状一般为球状；$\omega = 0$ 时，喷水射流在焦点处发生冲突，但在 $\omega > 0$ 时喷水射流的冲突减小，即 ω 角越大，所分裂成的微细熔滴之间冲突的概率越小。

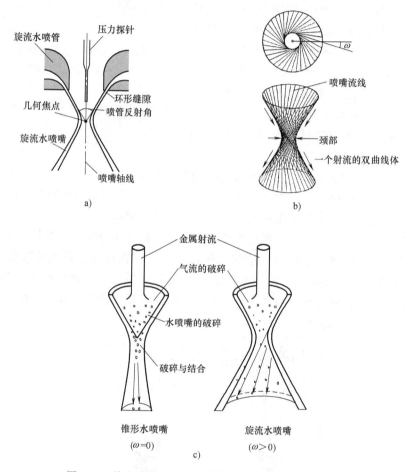

图 3-18　旋流喷水的高压水雾化喷嘴的装置和原理图
a）旋流喷水的高压水雾喷嘴　b）高压水雾化喷嘴喷出的高压射流
c）高压射流旋流角度的变化

3.3.2　离心雾化法

离心雾化法主要包括旋转圆盘雾化法、旋转水雾化法、旋转电极雾化法和激光自旋雾化法等。每种形式都是设法将金属熔体借助于离心力的作用以熔滴的形式甩出去，随后冷却成粉末颗粒。在冷却过程中，一般都会加上一定压力的气体进行对流冷却，冷却速度可超过 10^5 K/s，粉末一般为片状。离心雾化法的生产率高，可连续运转，适合于大批量生产。

1. 旋转圆盘雾化法

（1）特点　旋转圆盘雾化法的装置如图 3-19 所示。该装置的主要部件是一个绕自身轴心水平旋转的水冷圆盘，该水冷圆盘由径向脉动涡轮驱动，转速为35000r/min。落在水冷圆盘上的金属液流受离心力的作用沿切线方向飞出并破碎成小液滴，然后被喷入的氦气对流冷却。金属熔体的流量为 100~500g/s，氦气的流量为金属熔体流量的 5 倍，氦气的马赫数 $Ma = 0.5$，冷却速度为 $10^5 \sim 10^6$ K/s。用这种方法制得的铝合金和镍合金粉末平均粒度为 25~80μm。

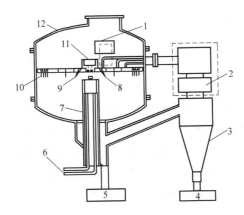

图 3-19　旋转圆盘雾化法的装置

1—感应熔炼坩埚　2—热交换器　3—旋风分离器　4、5—收集器
6—排气口　7—驱动装置　8—第二喷嘴　9—第一喷嘴
10—导向板　11—输送系统　12—雾化筒

（2）应用　旋转圆盘雾化法早在 1976 年就由美国普拉特·惠特尼飞机公司完成了全部实验室研究工作，随后投入工业生产，装置由最初的 22kg 级发展至现在的 900kg 级，并生产出了 200 多种快速凝固高温合金粉末。

在该制粉装置中，依靠中频或高频感应电流来加热和熔化金属，也可以采用电子束来加热金属。金属熔体落到旋转的水冷圆盘上并甩出成粉。在电子束旋转圆盘法（见图 3-20）中，竖直的金属棒料慢速旋转，其尖端部被会聚的电子束熔化，液滴落到一旋转盘的中央，被离心甩出，甩出的粉末颗粒与水平线之间的最佳夹角为 60°~80°，并被一水冷的铜坩埚壁折射。采用这种工艺可以制备高活性金属粉末，粉末粒度为 30~50μm，且颗粒形状呈球形，表面洁净。

另外，采用静止电板和带电旋转坩埚之间产生的电弧也能使金属熔化。如图3-21 所示，在离心力的作用下，金属熔体被甩出坩埚边缘而雾化，形成金属熔体颗粒,这种方法称为离心喷射铸造法。

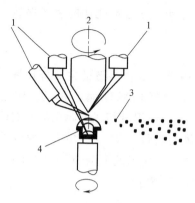

图3-20 电子束旋转圆盘法的装置
1—电子束枪 2—金属棒料
3—粉末颗粒 4—水冷的铜坩埚

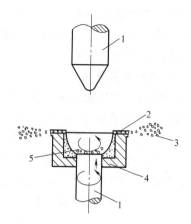

图3-21 离心喷射铸造法的装置
1—电极 2—雾化装置边缘 3—粉末颗粒
4—回转坩埚 5—合金材料

2. 旋转水雾化法

(1)特点 旋转水雾化法又称为旋转杯雾化法,也属于离心雾化范畴,不同的是离心力不直接作用于液滴,而是通过旋转水层传递到液滴上,利用旋转着的厚水层的能量破碎熔融的金属液流,被分散的液滴立即进入旋转中,被厚水层传递的离心力加速。在此运动过程中产生于液滴表面的蒸汽覆盖层不断被水层带走,从而改善了热传递条件,提高了冷却速度。在这种方法中,水不但是雾化介质,而且是冷却介质。

(2)工作原理及应用 旋转水雾化法的装置如图3-22所示。其工作原理是:金属液滴落入到一个装有旋转水的杯中,杯子高速旋转,速度为8000~16000r/min,水在杯子的垂直内壁上形成较厚的水层。旋转厚水层改善了传热条件,提高了凝固冷却速度,同时起到雾化器的作用。用这种方法已经制备了多种钢、超合金、铝、铜和其他合金粉末。

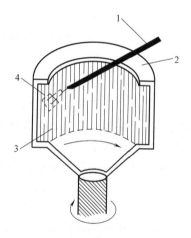

图3-22 旋转水雾化法的装置
1—熔融金属 2—自旋转杯 3—旋转厚水层 4—粉末颗粒

旋转水雾化法可以制备微细的快速凝固粉末,包括高合金化微晶和非晶合金;可以控制粉末的粒度分布(从非常窄的范围到非常宽的范围);可以改变粉末颗粒的形状(不规则形→球形→长条形);可以控制氧、氮和氢的污染;不会产生悬浮粉末。粉末的

冷却速度为 $10^4 \sim 10^6 \mathrm{K/s}$。

3. 旋转电极雾化法

旋转电极雾化法的装置如图 3-23 所示。其工作原理是：待雾化的棒料快速旋转，同时棒料一端被一个非自耗钨电极产生的电弧熔化，熔化的金属从旋转棒上甩出，在与充满惰性气体的筒内壁碰撞之前凝固。该工艺已广泛用于制备活泼金属粉末，如高纯、低氧的 Ti、Zr、Nb、Ta、V 等金属及其合金，以及 Ni 和 Co 的超合金粉末。

旋转电极雾化法生产的粉末一般呈球形，表面洁净，但平均粒度较大，通常超过 $200\mu\mathrm{m}$，因此其冷却速度只有 $10^2 \mathrm{K/s}$。一般情况下，0.417mm（35 目）以下粉末的成品率为 75%。

4. 激光自旋雾化法

激光自旋雾化法是采用高能激光熔化转速为 $10000 \sim 300000 \mathrm{r/min}$ 的棒料端面，被离心力甩出的液滴在碰到容器壁之前被氩气流冷却。液滴以凝固成球形颗粒为主，还有 10%~30% 的产品以直径为 0.1~1.0mm 的针状物形式存在。

采用这种技术制备的粒度为 $100\mu\mathrm{m}$ 粉末的凝固冷却速度为 $10^5 \mathrm{K/s}$。通过控制旋转速度和气流，可以得到不同粒径和不同冷却速度的粉末。该工艺具有两个显著的优点：

1) 高能激光束产生的高过热度使大多数第二相颗粒溶解于熔体中。

2) 该技术属区域熔化类型，因此雾化过程中的污染程度非常低。

激光自旋雾化法已被广泛用于钛合金粉末的生产，其装置如图 3-24 所示。

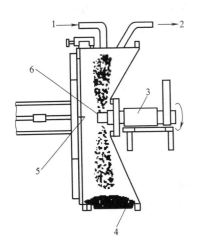

图 3-23　旋转电极雾化法的装置

1—惰性气体　2—抽真空装置
3—旋转轴　4—收集器
5—钨电极　6—旋转电极

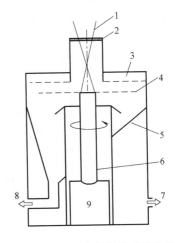

图 3-24　激光自旋雾化法的装置

1—激光束　2—激光网和真空密封　3—冷却介质
4—雾化液滴　5—收集漏斗　6—自耗合金
锭　7—抽真空装置　8—旋风分离器
和气体循环系统　9—电动机

3.3.3 机械力雾化法

1. 真空雾化法

真空雾化法，也称可溶性气体雾化法，是利用不同压力下气体在液态金属中的溶解度不同而将金属雾化成粉末的工艺方法。这种方法首先将液态金属在高压下过饱和地溶入气体，然后突然释放到真空中，以近乎爆炸的形式将液态金属离散为非常细小的金属液滴。真空雾化法的装置如图3-25所示。铁合金、钴合金、镍合金和锆合金均可以用氢气作为溶解气体而进行真空雾化。真空雾化法所得到的粉末颗粒一般为细小的球形。由于这种工艺强烈依赖于可溶性气体，因此其实用性不大，目前还未获得大范围应用。

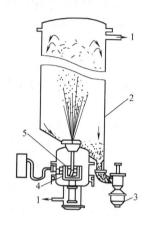

图 3-25 真空雾化法的装置
1—抽真空装置 2—粉末收集器
3—盛粉容器 4—感应加热线
圈 5—熔化坩埚

2. 电动力雾化法

电动力雾化法的工作原理是：将数千伏的额定电压施加到毛细管发射极内的液流表面上而建立强电场，强电场在熔体表面产生的强大作用力，有效地克服了表面张力，使液流喷射成小液滴，带电液滴加速飞向收集器，如果在凝固前撞击一冷却基底则会形成片状粉末，若飞行时间足够长则可获球状粉末。采用这种方法可生产粒度为 $0.1 \sim 100 \mu m$ 的粉末。当粉末粒度为 $0.01 \mu m$，冷却速度可达 $10^7 K/s$。已用这种方法生产了 Cu、Si、Al、Fe 和 Pb 合金粉末。电动力雾化法的原理如图3-26所示。

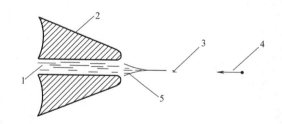

图 3-26 电动力雾化的原理
1—液态金属 2—发射极 3—形成的小液滴
4—飞行的小液滴 5—液峰

3. 固体雾化法

陈振华教授采用含有可除去的固体介质的高速气流对液体金属或合金进行雾化来制备粉末，取得了可喜的成果，并把这种方法称为固体雾化法。

（1）原理 固体雾化法的装置如图3-27所示。其工作原理是：将固体颗粒装入发送罐中，采用空气压缩机或高压氮气产生的高压高速气流进入发送罐，携带罐中的固体颗粒形成固气两相流，从雾化器喷嘴的环缝喷出，对浇入漏包并从漏包底部流出的金属或合金液流进行冲击、雾化而制得粉末。在雾化过程中，可采用冷却水（从水环中喷射出）加速粉末冷却，同时，冷却水可用来清洗并除去可溶性固体颗粒。

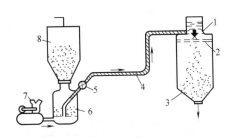

图 3-27　固体雾化法的装置

1—雾化器　2—水环　3—雾化室　4—输送管道　5—卸料阀
6—发送罐　7—空气压缩机　8—贮仓

（2）应用　陈振华教授采用食盐作为固体颗粒进行了系列固体雾化试验：食盐被输送到雾化喷嘴中，高速的食盐颗粒流通过喷嘴的环缝喷出，直接击碎液体金属或合金而制得粉末，粉末落入水中，经过清洗、过滤和干燥处理，可以将食盐从粉末中分离出来，被分离出来的 NaCl 溶液可回收重用。在试验中，食盐粉末的粒度为 0.175~0.37mm（40~80 目），空气压缩机输出的高速气流压力为 0.8MPa，空气的流量为 6m³/min，氮气压力为 0.8~1.0MPa，氮气的流量为 3.3m³/min。液体金属或合金的过热温度为 150~200K，液流直径为 3.5~3.8mm，盐流量为 1.5~4.0kg/min。表 3-2 为固体雾化和气体雾化所制得金属粉末粒度的比较。

表 3-2　固体雾化和气体雾化所制得金属粉末粒度的比较

样品名称	平均粒度/μm	费氏粒度/μm	雾化状态
Al-12%Si	88.22	29.19	气体雾化
	42.73	13.27	固体雾化
Pb	79.44	8.65	气体雾化
	45.41	4.06	固体雾化
Sn	78.18	15.39	气体雾化
	36.69	7.26	固体雾化
Zn	76.42	8.64	气体雾化
	44.30	3.89	固体雾化
Cu	84.22	28.67	气体雾化
	40.28	14.26	固体雾化

采用盐雾化制得的不锈钢粉末的形貌如图 3-28 所示。固体雾化颗粒也可以为同种金属粉末和易清除的固体颗粒。如采用普通气体雾化生产的 FWCuSn6Zn6Pb3 青铜粉末的筛上物 [粒度为 0.175～0.833mm(-20～+80 目)] 代替盐来雾化青铜熔体时，粉末的平均粒度为 $50\mu m$；而在同等条件下，采用气体雾化所得颗粒的平均粒度为 $72\mu m$。固体雾化粉末的粒径分布比较集中，粉末粒径大多为 $25～65\mu m$，颗粒形状比较规则，很少观察到颗粒黏连和"卫星"粉末颗粒。另外，采用铁粉作为固相颗粒对 Al-30%Si 合金熔体进行雾化，铁粉可以通过磁选的方法清除。当气体压力为 0.8MPa，气体流量为 $6m^3/min$，金属液流直径为 3.5mm 时，普通气体雾化 Al-Si 合金粉末平均粒度为 $160\mu m$，而采用固相雾化颗粒为 62.5g/s 时，粉末平均粒度为 $51\mu m$。

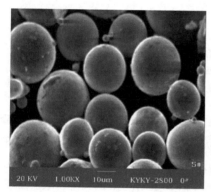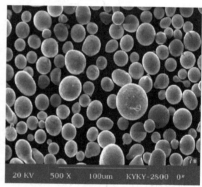

图 3-28　盐雾化制得的不锈钢粉末的形貌

固体雾化粉末的冷却速度一般为 $10^3～10^4K/s$。其冷却速度较高的原因是固体颗粒的传热能力远大于气体。若采用金属颗粒作为雾化介质，则粉末的冷却速度还会更高。

3.3.4　多级雾化法

多级雾化法是将多种雾化装置组合起来的一种快冷制粉方法，第一级装置一般为双流雾化装置，而后几级装置可以为双流雾化装置、离心雾化装置和机械雾化装置。多级雾化法包括组合喷嘴雾化法和多级快冷雾化法等。

1. 组合喷嘴雾化法

（1）特点　组合喷嘴雾化法的装置如图 3-29 所示。该方法采用两步气体冲击雾化装置或两步高压水雾化装置来实施，能更加有效地破碎金属熔体。组合喷嘴的破碎理论是：在第一级双流雾化装置进行雾化时，总有一部分大的熔体液滴还没有凝固，可以采用气体或液体对熔体液滴进行再一次雾化破碎；即使是超声雾化装置，在离喷嘴一定距离内还是有部分熔体液滴的存在，仍然可以进行再一次的破碎。

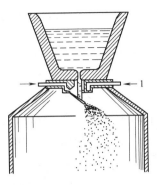

两步气体冲击雾化装置　　　　两步高压水雾化装置

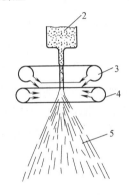

图 3-29　组合喷嘴雾化法的装置

1—气体　2—熔体　3—气体喷嘴　4—液体喷嘴　5—液滴

（2）应用　德国开发出了采用压力低于 10MPa 的水流击碎带有水膜的层流熔体雾化法，可经济地生产细的或超细金属粉末。如果使用惰性气体稳定熔体膜，则可降低粉末氧含量。如果与低压气体预雾化相结合，则可生产很细的粉末。宽流气体雾化法的基本原理也适用于水雾化法。经典气体雾化的宽流系统，将熔体导管与长条缝孔相结合，将熔体膜送入拉瓦尔气体喷嘴汇聚区内的气体层流场中。拉瓦尔喷嘴将高压区与低压区分开，所产生的压差驱动气体通过喷嘴。德国开发的新技术在于在拉瓦尔喷嘴的发散区安装加压雾化水管，水通过长条缝孔射出，击碎熔体，在空中产生水雾、金属颗粒与气体，移动的气体粒子可阻止熔体膜在通过气体喷嘴最窄横截面时改变其形状。如果使用稍过压的气体，则熔体膜首先由气体击碎，而后由雾化水二次击碎，可生产出很细的粉末（粒度为 6.3μm）。

2. 多级快冷雾化法

（1）特点　多级快冷雾化法的装置如图 3-30 所示。其工作原理是：首先将金属熔体过热到一个比较高的温度，然后采用常规的气体雾化装置（也可采用超声雾化装置）将熔体雾化成很小的液滴，并将其喷射在高速旋转装置上离心破碎成微小液滴。与此同时，向高速旋转装置喷入冷却剂，冷却剂被高速旋转装置离心雾化成雾珠，雾珠和金属液滴机械混合在一起并且起着隔离金属液滴的作用，冷却剂雾珠和金属液滴再经高速旋转盘、辊单次或多次粉碎变得越来越细。在粉碎过程中，控制金属液滴和冷却剂的接触时间，尽量避免金属液滴在充分破碎前凝固，被充分粉碎的金属液滴最终被冷却剂冷却和带出。整个过程可连续进行，冷却剂可用水、油、液氮或其他惰性液体介质。

（2）应用　陈振华教授研制出了一系列新型的快速凝固制粉装置，这些装置充分地将金属液滴急冷效果和大过冷效果有机结合起来。采用图 3-30a 所示气体雾化装置，当雾化气体的压力为 0.6~1.0MPa，雾化气体流量为 5m³/min 时，制得 Al 粉末的平均粒度为 100~150μm，粉末冷却速度为 $10^2 \sim 10^3$ K/s。采用图 3-30b 所示的装置时，关闭最后一级旋转装置，制得 Al 粉末的平均粒度为 30~35μm；起动全部旋转装置，制得粉末的平均粒度为 10~15μm。采用图 3-30c 所示的装置时，关闭最后一级旋转装置，制得 Al 粉末的平均粒度为 15~20μm；起动全部旋转装置，制得粉末的平均粒度为 10~13μm。若采用图 3-30d 所示的装置，关闭最后一级旋转装置，则和图 3-30a 相同；起动反向旋转罩，制得的 Al 粉平均粒度为 7~11μm。若采用高的气体雾化压力（≥1.2MPa）和大的雾化气体流量（>15m³/min），并采用图 3-30a 所示的装置，制得铝粉的平均粒度为 5~7μm，粉末的冷却速度为 10^6 K/s。

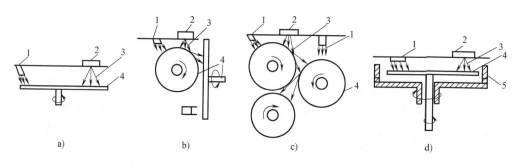

图 3-30　多级快冷雾化法的装置

1—冷却剂　2—雾化喷嘴　3—金属液粒　4—旋转圆盘　5—反向旋转罩

采用多级快冷雾化装置制备出了近百种非晶、准晶和微晶粉末，X 射线和透射电镜的测试表明，所制得的非晶和准晶粉末的非晶度和准晶度都比较高。另外，制得的微晶粉末中二次枝晶臂的间距为 0.4~1μm，而在某些合金如 Al-Si、Al-Fe-V-Si、Al-Mn 系等的粉末中出现很多光学无特征区。根据 Matyjia 等人提出的金属熔体快速凝固组织的二次枝晶间距与粉末冷却速度的关系式，可以判断装置的冷却速度可达 $10^5 \sim 10^6$ K/s。根据前面所述，多级快冷雾化装置具有大过冷和急冷双重效果，因而正确的提法为，该装置具有或相当 $10^5 \sim 10^6$ K/s 的冷却速度。

表 3-3 为各种金属熔体雾化方法的综合性能比较。

表 3-3　各种金属熔体雾化方法的综合性能比较

工艺名称	粉末形状	粉末平均粒径/μm	典型冷却速度/(K/s)	主要应用	主要优缺点
普通气体雾化法	球形加类球形	50~100	10^2~10^3	中等活性或易氧化金属(采用氩气或氮气)	大规模生产,成本较低,但粉末粒度较粗,冷却速度较小
紧耦合气体雾化法		<50	10^5~10^6		冷却速度高,粉末粒度较细
双级喷嘴雾化法		20	10^5		粉末粒度较细,冷却速度高
气体上喷法		25	10^3~10^4		粉末粒度较细
高压气体雾化法		20			粉末粒度较细,能耗较大
超声雾化法	球形	10~50	10^4~10^5		粉末粒度较细,冷却速度较高,能耗大
高压水雾化法	不规则	75~200	10^3~10^4	非活性或不易氧化金属	粉末粒度较细,大规模生产,成本低
旋转盘雾化法	球形加类球形	25~80	10^5~10^6	中等活性或易氧化金属	粉末冷却速度高,可规模生产
激光旋转雾化	球形	100	10^5	主要生产 Fe、Ni、Co 基合金粉末	粉末粒度、粒形可控,不能连续生产
旋转电极雾化		125~200	10^2~10^3	活性高或极易氧化金属	可规模生产,粉末较粗
旋转水法	球形加不规则形	<50	10^4~10^5	一般金属	可规模生产
熔液提取法	片状	片厚20~30			
双辊雾化法	粉末、薄片	片厚100	10^5~10^6	中等活性或易氧化金属	冷却速度高,可规模生产
电动力学雾化法		0.01~100	≤10^7		冷却速度高,细粉末成品率低
火花电蚀雾化法		0.5~30	10^5~10^6		粉末粒度不易控制
快速旋转罩法	球形加类球形	20~30	10^3~10^4	一般金属	规模生产有一定困难
滚筒雾化法	薄片	片厚100 直径1~3mm	10^4~10^5	中等活性或易氧化金属	薄片密度低
多级快冷雾化法	球形加类球形	5~10	10^5~10^6	中等活性或易氧化金属以及一般金属	优点较多

3.4 表面熔化与沉积技术

表面熔化与沉积技术实际上也可以看成是表面快速凝固技术，即只是使待加工的材料或半成形、已成形的工件（以下统称为工件）表面层处于快速凝固状态。因此这一技术特别适用于要求表层具有比内部更高的硬度、耐磨性、耐蚀性等特性的工件，此外还可以用于修补表面已磨损的工件。表面熔化与沉积技术可以分成表面熔化和表面喷涂沉积两类方法。

3.4.1 表面熔化法

表面熔化法又称为表面直接能量加工法，即主要应用激光束、电子束或等离子束等作为高密度能束聚焦并迅速逐行扫描工件表面，使工件表层熔化，熔化层深一般 $10 \sim 1000\mu m$。

从形式上看该方法与焊接有些类似，所以也称为焊接方法。但是实际上在表面熔化方法上熔化表层的能束要比焊接时细得多，能束截面直径小到微米级，而且能束照射到表面上任一点的时间很短，仅为 $10^{-9} \sim 10^{-8} s$，所以任一时刻工件表面熔化的区域很小，传导到工件内部的热量也很少。因此，熔化区域内外存在很大的温度梯度，一旦能束扫过以后此熔化区就会迅速把热量传到工件内部而凝固冷却。由于熔化区和未熔化的工件内部之间的界面热阻极小，所以表面熔化法一般可以获得很高的凝固冷却速度。

成功应用表面熔化法的关键是：一方面既要使能束扫描的局域表层完全熔化，另一方面又要该处的温度上升不要太高，以致降低随后的凝固冷却速度甚至使合金表层汽化。因此，可以通过调节能束强度和扫描速度以控制工件单位面积表面上能束的传热速度，从而控制熔化区的凝固速度和冷却速度，通常用的能束功率密度为 $10^4 \sim 10^8 W/cm^2$。此外，扫描的方式也会影响熔化表层的传热和凝固速度。例如当能束沿两个方向来回扫描，在向前平移时表层的凝固冷却速度要比能束只沿一个方向扫描的方式向前平移时的凝固冷却速度低。

由于设备和加工成本的原因，在表面熔化技术中应用较多的是激光束表面熔化方法和电子束表面熔化方法两种，下面将具体介绍这两种方法。

1. 激光束表面熔化法

激光束表面熔化法又称激光上釉法（Laser Glazing），其基本原理是：金属表层中的自由电子受激光光子作用被激发，已激发的自由电子与原子碰撞后发热熔化表层合金。这种方法通常可以采用图 3-31 所示的装置，装置中的激光发生器一般采用功率为 $3 \sim 6kW$ 可连续工作的 CO_2 激光器，激光束经聚焦后在工件表面形成直径约为 $0.05cm$ 的光斑，功率密度可达 $10^4 \sim 10^7 W/cm^2$，以保证光斑照射处合金的迅速熔化。工件表面通入惰性气体的目的，是防止熔体氧化并防止入射激光功率密度过高时工件表面产生等离子体。该工件装在淬火机床上旋转平移，改变转速与平移速度可以调节激光束在工件表面的扫描速度，这一速度可以在数量级为 $1\sim100\mathrm{cm/s}$ 范围内变化。调节激光束的强度与扫描速度可以控制熔化区的温度与熔化深度，而改变聚焦后激光光斑的尺寸、工件转速与平移速度之比可以调节前后扫描带之间的覆盖面积。

在激光束表面熔化法中提高表层凝固冷却速度的主要途径是：适当提高工件表面吸收的激光功率密度，缩短激光束与工件表面有效交互作用时间和降低工件表面温度（例如对工件进行空冷或水冷）。

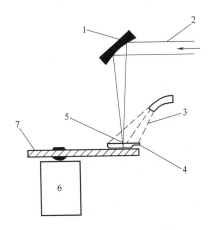

图 3-31　激光束表面熔化法的装置
1—聚焦镜　2—激光束　3—惰性
气体　4—工件基体　5—焦点
6—变速电动机　7—旋转圆盘

2. 电子束表面熔化法

电子束表面熔化法的基本原理是：入射电子束与金属中的自由电子产生强烈碰撞，从而使自由电子获得很高的能量，这些高能自由电子再与晶格原子碰撞后发热熔化工件的表层。电子束表面熔化法的装置如图 3-32 所示。从电子枪中产生的电子束在加速电压作用下高速射出，并在偏转线圈的电磁场作用下改变运动方向。当在两套偏转线圈中分别输入两个几乎相等的三角形波信号时，电子束就可以在工件表面进行二维扫描。扫描速度为 $1\mathrm{cm/s}$ 数量级，最高可达 $200\mathrm{cm/s}$。每扫描一次后熔化区的宽度为 $0.5\mathrm{mm}$，熔化层的深度为 $0.1\mathrm{mm}$，前后两次扫描之间一般有 50% 的区域重合。为了调整电子束束斑强度空间分布和扫描速度，现在已经可以采用计算机控制电子束扫描。此外，电子束加速电压的大小和工件材料的原子系数还会影响电子束加热工件表面的热效率。这是因为加热电压选择适当时工件表面吸收的电子最多，加热的效率也最高。例如铝合金工件，当加速电压选用 $25\mathrm{kV}$ 时，就只有不到 14% 的电子束被表面反射。另一方面，如果入射电子束的能量密度太高，工件表面容易产生等离子体，这也将使电子束加热工件表面的效率明显下降。

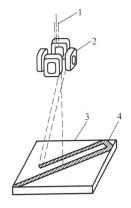

图 3-32　电子束表面熔
化法的装置
1—电子束　2—偏转线圈
3—工件　4—熔化区

由于激光束波长比电子束波长大得多，入射工件表面时更容易被表面反射而造成能量损失，所以电子束表面熔化的效率要比激光束表面熔化的效率高 $7\sim10$ 倍。例如 W6Mo5Cr4V2 钢，当熔化层深度相同时，电子束的入射功率只需 375W，而激光束的入射功率却需要 3kW。此外，尽管在激光束表面熔化时采用了惰性气体保护，但实际上这只能减小而不能完全消除熔化表层的氧化，而电子束表面熔化时工件表层受到的氧化的程度要弱得多。虽然电子束表面熔化法具有很多优点，但是由于强度合适的电子束不容易产生，所以实际应用不如激光束表面熔化法那么广泛。近年来我国已有不少科研单位、大专院校对镍基高温合金、模具钢、轴承钢、铁基合金等材料应用激光束表面熔化快速凝固技术进行了试验研究，取得了不少成果。从发展趋势来看，激光束表面熔化是最有可能在我国的工业生产中得到广泛应用的快速凝固技术之一。

与其他的快速凝固方法相比较，表面熔化方法的优点表现在：

1）由于只加热并熔化工件的表层，可大大节约实现快速凝固所需的能源，与表面熔化法结合进行的表面合金化还可以节约许多昂贵的战略元素或金属原料。

2）熔体与未熔的内层之间化学成分完全相同或基本相同，热接触与传热效率都极高，因而与其他快速凝固方法相比，一般可以获得更高的凝固冷却速度。因此，表面熔化法在它的适用范围内是一种十分经济有效的快速凝固方法。

3.4.2 表面喷涂沉积法

表面喷涂沉积法中应用较多的是由莫斯（Moss）等提出的等离子体喷涂沉积法（PSD）。其基本原理是：用高温等离子体火焰熔化合金或陶瓷、非金属氧化物粉末，然后再喷射到已加工成形或半成形的工件表面，熔滴迅速冷凝沉积成与基体结合牢固、致密的喷涂层。等离子体喷涂沉积法的装置如图 3-33 所示。通常，等离子体是在等离子体喷枪内由加入氦气或氢气的离子化氩气或氮气形成的，它的温度可以高达 10^5℃。同时用氩气等惰性气体把预先配制好，直径一般小于 $5\mu m$ 的合金或陶瓷粉末喷入等离子体中，这些粉末迅速熔化成熔滴。由于等离子体形成后温度极高，因而体积迅速膨胀，以高达 3 倍声速的速度带着熔滴从等离子体枪的喷嘴中喷向工件表面并迅速冷凝成薄层。当熔滴的沉积速度为 1.3g/s 时，每次喷涂的涂层厚度小于 $150\mu m$，涂层密度可达理论密度的 97%。

决定涂层质量的主要工艺参数有真空度、等离子体火焰长度和能量、粉末的质量、喷射条件以及工件表面的状态等。这些工艺参数的合理配合可以保证喷射到工件表面的粉末完全熔化，并在喷射束的横截面上对称分布，从而获得高质量的喷涂层。由于熔滴的喷射速度高达 1000m/s 左右，熔滴与工件表面的热接触一般都比较好，传热速度很快，所以熔滴的凝固冷却速度也可高达 10^7K/s，凝固速度大于 1cm/s。同时等离子

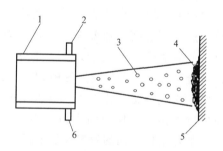

图 3-33　等离子体喷涂沉积法的装置
1—等离子体喷枪　2—添加粉末装置　3—熔滴
4—喷涂沉积层　5—工件　6—惰性气体

喷涂法的生产率也很高，一般每分钟可产生几克的快速凝固涂层。由于涂层的厚度一般为 100μm 左右，为了得到更厚的涂层，可以在冷凝后的涂层上再次喷涂，但是这样做会使前一次喷涂的涂层退火。为了避免或减轻这种有害的影响，可以在进行第二次喷涂时用惰性气流冷却已经沉积的涂层。此外，由于等离子体火焰温度极高，所以难熔金属和合金均可以用这种方法喷涂到工件表面。在喷涂前用电弧放电的方法清除工件表面可以提高涂层与表面的结合强度，但这样做的缺点是会使工件表面的温度升高而降低涂层的冷却速度。

为了防止喷涂过程中熔滴和工件表面产生氧化，把在常压下进行的等离子喷涂（APS）与气相沉积法结合起来发展了真空等离子喷涂（VPS）技术。这种技术是把等离子体喷枪和工件等都置于真空室中，使喷涂过程在真空条件下进行。与常压等离子体喷涂法相比，采用真空等离子体喷涂法制得的涂层与工件表面结合强度明显提高，涂层成分更纯净也更致密，同时还降低了涂层的内应力，降低了涂层的表面粗糙度。为了能对形状复杂的工件表面进行喷涂和提高喷涂质量，现代化的真空等离子体喷涂设备还进一步实现了计算机程序控制，其中的等离子体喷枪由一个能沿五个轴运动的工业机器人操作。

3.5　大过冷快速凝固技术

大过冷快速凝固技术的核心是在熔体中设法消除可以作为非均匀形核媒质的杂质或容器壁的影响，创造尽可能接近均匀形核的条件，从而在形核前获得很大的过冷度。

采用大过冷快速凝固技术的具体方法大致可以分为两类：

1) 熔滴弥散法即在细小熔滴中达到大凝固过冷度的方法，包括乳化法、熔滴-基底法和落管法等。

2) 在较大体积熔体中获得大的凝固过冷度的方法，包括玻璃体包裹法、嵌入熔体法和电磁悬浮熔化法等。

几种大过冷快速凝固的方法如图 3-34 所示：

1) 乳化法（见图 3-34a）。熔体在惰性气氛下与作为载体的纯净有机液体混合，然后进行机械搅拌，使熔体分散成直径为 1~10μm 数量级的熔滴并与有机液体形成乳浊液然后冷凝。用乳化法获得较大过冷度的关键是熔滴尺寸要尽可能小，尺寸分布集中和均匀以及选用合适的、不会促进表面形核的有机液体作为乳化液，正确采用乳化法一般可以得到 $(0.3~0.4)T_m$ 的大过冷度（T_m 是合金熔体的熔点），所以这种方法应用比较广泛。例如用乳化法在 Pb-Bi 合金中得到的过冷度为 $0.304T_m$；在 Te-Cu 合金中，在冷却速度很小的情况下用乳化法形成了非晶态。

2) 熔滴-基底法（见图 3-34b）。该法与乳化法类似，但是弥散后的熔滴是在冷模上凝固，所以达到的过冷度也没有乳化法高。

3）嵌入熔体法（见图3-34c）。把合金加热到固、液二相区域的糊状区，控制温度使熔体体积占整个合金的20%，然后停止加热，使固、液相在此温度下达到平衡后再把样品冷却到较低温度，这时未凝固的熔体通过已凝固、温度较低的固相传出热量。由于熔体不与空气和容器壁接触，所以只有在熔体达到较大的过冷度后才能稳定地形核凝固。为了使测定的过冷度比较准确，可以反复升降温，直到测定的过冷度可以重复出现。

4）玻璃体包裹法。该法是用以流体形式存在的无机玻璃体把大块熔体与容器分隔开来，使熔体凝固时不受容器壁的影响。用这种方法可以制取重达几百克的大过冷凝固合金。但是由于采用熔体包裹法时，合金熔体在熔化时仍然要与容器接触，容易混入形核媒质，而嵌入熔体法中的熔体也仍然与先凝固的固相接触，所以达到的过冷度均比乳化法小，一般为 $0.2T_m$。

在上述大过冷快速凝固技术的各种方法中，熔体主要是通过向导热能力很差的介质传热或者以辐射传热的方式冷却，传热速度很小，所以熔体从熔点温度过冷冷却到形核凝固温度时的冷却速度也很小，一般只有 10～30K/min。但是由于熔体凝固的过冷度很大，而合金熔体的凝固速度随着过冷度的增加在不同大小的过冷度范围内分别与过冷度成指数关系和线性关系，所以合金熔体的凝固速度仍然可以高达 1～10m/s。正是

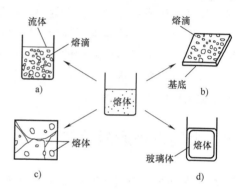

图 3-34　大过冷快速凝固的方法
a）乳化法　b）熔滴-基底法
c）嵌入熔体法　d）玻璃体包裹法

因为采用大过冷快速凝固技术时合金凝固冷却速度很小，因此测定熔体在过冷冷却和凝固过程中的体积、比热等性质的变化和过冷度的大小时比较方便。一般在嵌入熔体法、玻璃体包裹法中主要用热电偶测定温度变化，在乳化法中主要用计算机控制的差热分析法（DTA）或示差热扫描法（DSC）测定。

快速凝固过程中熔体温度的变化和过冷度的准确测定，为深入进行快速凝固理论研究和快速凝固合金微观组织结构的形成与控制研究创造了条件，因此近年来大过冷快速凝固技术有了一定的发展，并在理论研究与实验研究方面得到较多的应用。西北工业大学、哈尔滨工业大学等单位在这方面开展了大量的研究，但目前采用大过冷技术制取的快速凝固合金的尺寸，数量都很小，而且不能连续生产。

3.6　快速凝固方法的选用原则

本章介绍了多种快速凝固方法，在实际应用中如何正确选择合适的方法来制备

快速凝固材料，可以考虑以下几个原则：

1）应该考虑合金本身的有关特性。例如熔点高、黏度大、容易与石英管发生反应或容易氧化的合金，就应该选择直接用温度较高的热源在惰性气氛中加热熔化合金的方法。

2）应该考虑快速凝固合金微观组织、结构和性能方面的要求，以采用相应的凝固冷却方式和过冷度，从而选择能达到所要求的冷却速度和过冷度的方法。

3）考虑快速凝固产品的形状、数量与用途。

4）考虑生产成本和生产率的高低。

5）考虑设备的复杂程度和工艺操作的难易。

根据这些原则选择适当的快速凝固方法后，再对具体合金经过反复试验确定一组最佳工艺参数，这样才能得到高质量、低成本、符合需要的快速凝固合金。

第4章

快速凝固合金

　　快速凝固合金从微观结构上可以分为晶态合金、非晶态合金和准晶态合金。快速凝固晶态合金作为结构材料在工程上已经得到广泛的应用，是最重要的一类快速凝固合金；快速凝固非晶态合金俗称金属玻璃，具有很多独特的性能，逐渐成为一类重要的合金材料；快速凝固准晶态合金是在结构上界于晶态合金和非晶态合金之间的一类新的合金，其研究成果已对经典的金属学理论发出了有力的挑战，同时也为金属材料研究，特别是快速凝固合金的研究开辟了一个有潜力的新领域。

4.1　快速凝固晶态合金

4.1.1　快速凝固晶态合金的组织和性能特点

　　与常规的铸态凝固合金相比，快速凝固合金采用了极高的凝固速度，从而导致合金在凝固中形成的微观组织结构发生了许多变化，进而影响了其力学性能。

　　1. 微观组织特点

　　1）微观组织明显细化。快速凝固合金的微观组织一般呈现这样的规律：随着离冷却介质或初始形核位置的距离的增加，依次为等轴晶、胞状或柱状晶与树枝晶。结晶形核率比长大速度更强烈地依赖于过冷度，由于凝固形核前过冷度可达几十至几百摄氏度，所以这大大提高了凝固时的形核率，而极短的凝固时间又使晶粒不可能充分长大。因此，快速凝固合金的晶粒尺寸很小，而且十分均匀，一般平均晶粒尺寸为 $1\mu m$ 左右。在用枪法制取的快速凝固样品中，晶粒直径小达 $0.01\mu m$，而在常规铸态合金中晶粒平均尺寸达毫米量级甚至更大。因此，通常把快速凝固晶态合金进一步分成微（米）晶合金和纳（米）晶合金两大类。

　　2）成分偏析显著减小，甚至可以消除。快速凝固合金晶粒大大细化，使树枝晶的二次枝晶臂间距也从铸造合金的 $20\sim30\mu m$ 减小到快速凝固合金的 $0.1\sim$

0.25μm。同时，快速凝固过程中会出现非平衡溶质分配或溶质捕获现象，合金元素在高的凝固速度下来不及充分富集，导致偏析程度显著减小。当冷却速度足够高时，还可以消除成分偏析。因此，急冷凝固合金中的微观成分分布比常规铸造合金的更为均匀，这也显著提高了合金元素的使用效率，避免了成分偏析引起的有害相的形成。

3）合金元素的过饱和固溶度明显提高。由于快速凝固速度远大于平衡凝固的速度，所以快速凝固合金的凝固过程中，常常来不及按照平衡相图通过扩散形成第二相或者生成其他平衡相，因而可以使合金元素在固溶体中的过饱和固溶度有较大提高。快速凝固合金一般都有很好的固溶强化效果，经过时效处理后，从非平衡的过饱和固溶体中可以析出细小的沉淀物。

4）增加缺陷密度。与铸态合金相比，快速凝固合金中的空位、位错等缺陷密度有较大增加。由于液态合金中空位形成能比固态合金的空位形成能小得多，例如固态 Al 中空位形成能为 0.76eV，而液态 Al 的空位形成能仅为 0.11eV，所以液态合金中的空位浓度比固态合金高得多，快速凝固时大部分空位来不及析出而留在固态合金中。同时，由于快速凝固组织中的热应力很大，加上空位聚集后会崩塌，形成位错环，这些都使快速凝固合金中位错密度比一般铸造合金高得多。此外，快速凝固合金的层错密度也很高，特别是 Cu、Ni、Ag 与 Al、Zn、Cd、Sn 组成的二元合金中的层错密度。由于空位浓度、位错密度和层错密度的提高可以直接起强化作用，因此微晶合金中的空位浓度与位错密度对合金的微观组织与宏观性能都会产生重要影响。

5）形成新的亚稳平衡相。快速凝固合金除了可以形成非晶、准晶相外，还可能会在高温下形成许多平衡相图上所没有的亚稳平衡相。这些亚稳相一般可以分成两类：一类是平衡相图上的高温相或者高压相，如 Fe-C 合金中通常在高温下才存在的 γ 相和高压下的 ε 相，均可通过快速凝固在室温下存在。另一类是平衡相图中没有出现过的亚稳相，如在快速凝固 Ag-Ge、Ag-Si 和 Au-Si 合金中就发现了具有密排六方（hcp）结构的新的亚稳相，在 Au-Si 合金中发现了由 500 多个原子组成一个晶胞的复杂亚稳相，在快速凝固 Al-Ge 合金中先后发现了 4 种新的亚稳相。

6）微观结构变化。快速凝固材料的微观结构可分为细小的枝晶结构、胞状晶组织、无特征结构等几种。溅射急冷奥氏体钢（Fe-20%Cr-25%Ni）在冷却速度为 10^5K/s 时的微观组织以无特征的晶粒为主，并存在很多位错和堆垛层错及大角度晶界，却没有成分偏析；在中等冷却速度时的晶粒存在线性位错排列和小角胞状组织；而在较低的冷却速度下，组织中有成分偏析的产生。

2. 力学性能特点

快速凝固合金的微观组织具有很多一般晶态合金所没有的特点，从而使它们具有很多独特的优异性能。

快速凝固合金由于微观组织结构的尺寸与铸造合金相比明显细化和均匀化，所以具有很好的晶界强化与韧化、细晶强化与韧化等作用；而成分均匀、偏析减小不仅提高了合金元素的使用效率，还避免了一些会降低合金性能的有害相的产生，消除了微裂纹萌生的隐患，因而改善了合金的强度、塑性和韧性；固溶度的扩大、过饱和固溶体的形成不仅起到了很好的固溶强化作用，也为第二相析出、弥散强化提供了条件；位错、层错密度的提高还产生了位错强化的作用；此外，快速凝固过程中形成的一些亚稳相也能起到很好的强化与韧化作用。因此，通常的铸造合金经过快速凝固后，硬度、强度、韧性、耐磨性等室温力学性能和某些高温力学性能都有较大提高，而在常规铸造合金的基础上经过成分调整的和具有全新成分的快速凝固合金一般都具有更加优异的性能。

例如，Fe-Ni 合金在快速凝固后的维氏硬度是一般经过固溶淬火后相同成分合金的 2.8 倍，快速凝固 Al-Fe、Al-Mn 合金的硬度与铸造合金相比也有明显提高。快速凝固 Al-Au 合金的流变强度和断裂强度比锻造后的铸造合金提高了 2~3 倍，并且硬度和强度的提高幅度随着合金凝固冷却速度的提高而增大。由于超塑性材料通常是具有细小晶粒（一般不大于 $20\mu m$）的多相合金，而快速凝固材料细晶的特点，导致其具有铸态合金所没有的超塑性，其伸长率达到 600%，快速凝固合金具有的超塑性十分有利于成形和加工。此外，快速凝固提高了 W6Mo5Cr4V2Al 钢的表面硬度和强度，使它们具有很好的耐磨性和切削性能。快速凝固还可以提高不锈钢的抗氧化性能和耐蚀性以及抗辐射能力。

4.1.2 快速凝固铝合金

采用常规方法生产的铝合金除了容易产生枝晶粗大和严重的成分偏析等问题以外，还常常会产生许多含 Fe 和 Si 的金属夹杂物，这些夹杂物一般很难在铸造凝固后的热处理或机械加工中完全消除，因而影响了合金的断裂韧性、疲劳性能、蠕变性能，以及耐化学腐蚀、应力腐蚀等性能。快速凝固技术的应用有效地改善了铝合金的微观组织结构，提高了合金的各项性能。例如，可以通过扩大溶质固溶度使形成夹杂物的杂质元素完全固溶于基体中或者形成非常细小的弥散粒子，这样不仅不会对性能产生有害影响，还能产生一定的强化作用。

根据快速凝固铝合金的性能特点，可以分为快速凝固高强铝合金、快速凝固高比强铝合金、快速凝固铝硅合金和快速凝固高温铝合金。

1. 快速凝固高强铝合金

高强铝合金大多是亚共晶成分的合金，含有一种或几种固溶度大于 2%（摩尔分数）的合金元素，主要通过固溶强化和时效强化来获得高的强度。与传统熔铸合金相比，快速凝固高强铝合金显微结构主要由细化的晶粒和极细小的一次沉淀颗粒组成。由于其晶界和亚晶界上发生了优先沉淀，使材料中存在大量的一次沉淀颗粒，因此即使采用最佳化的热处理，室温屈服强度也只比熔铸材料高 10%~15%。由此可见，通过加入合金元素来开发新的合金，以提高合金性能是快速凝固高强铝合金的发展方向。

（1）2×××系合金　2×××系合金属于 Al-Cu-Mg 系可热处理强化的加工铝合金，铜和镁是主要合金元素，还含有少量的锰、铬、锆等元素。铜可以提高合金的强度和硬度，但是合金的断后伸长率略有下降。镁可以提高合金自然时效后的力学性能，特别是人工时效后强度性能的提高尤其明显，但是断后伸长率有较大下降。

Kaiser Aluminum & Chemical 公司采用快速凝固工艺，通过雾化制粉、过筛、装罐、加热真空除气、热压、挤压、热处理等工序开发了 2××× 系列合金中的一种新合金 PM63，将 IM2×××系合金的最小抗拉强度值提高了约 30%。PM63 合金 T3510 状态的抗拉强度为 580MPa，下屈服强度为 483MPa，断后伸长率为 17%。

（2）7×××系合金　由于快速凝固合金具有细小晶粒或亚晶粒尺寸，析出相细小且分布均匀，而且可以根据需要添加所需的合金元素。与 IM7×××系铝合金相比，快速凝固粉末冶金（RS-PM）方法制备的 7×××系铝合金可以在获得更高强度的同时，使合金具有良好的耐蚀性，在同等条件下，RS-PM7×××系铝合金的抗拉强度比 IM7×××系铝合金高约 20% 以上。在导弹、飞行器等要求高强度的结构件中，若材料的抗拉强度能够提高 25%，对提高结构件效率具有较大的吸引力；若材料的抗拉强度能够提高 40%，且疲劳强度、断裂韧性、腐蚀/应力腐蚀抗力与替代材料相当，则该材料在航空航天领域具有广泛的用途。因此，尽管 RS-PM7×××系铝合金的制造成本可能比 IM7×××商业铝合金高 1.5～3 倍，但仍具有广泛的应用前景。

在研究快速凝固合金和喷射成形 7×××铝合金时发现，加入 Co、Fe、Ni、Zr 等元素还可以提高其耐热性，并由此发展出了多种新牌号合金，如 X7090、X7091、MA67 和含 Ni、Fe 的 7075Al 合金等。

表 4-1 给出了采用不同快速凝固粉末冶金工艺制备的 7×××铝合金的力学性能，可见采用快速凝固方法制备的高强铝合金的力学性能均有明显提高。

表 4-1　采用不同快速凝固粉末冶金工艺制备的 7×××铝合金的力学性能

合金(质量分数/%)	制备方法	热处理工艺	抗拉强度 R_m/MPa	下屈服强度 $R_{p0.2}$/MPa	断后伸长率 A(%)
7075Al	铸造+挤压棒材	773K×1h,393K×24h	572	510	13.0
7075Al+1Ni+0.8Zr	铸造+挤压		737	716	1.5
7075Al	熔体快淬+挤压	763K×1h,393K×24h	635	580	16.0
7075Al+1Ni+1Fe	双辊快淬+挤压	733K×1h,393K×24h	661	613	4.0
		748K×1h,393K×24h	717	634	9.0
7075Al+1Fe+0.6Ni	超声气体雾化+挤压	763K×1h,393K×24h	689	572	6.0
	超声雾化+挤压		682	627	10.0
7075Al+1Ni+0.8Zr	LDC+挤压	763K×1h,298K×120h+393K×24h	816	740	8.6
X7091(Alcoa)	气体雾化+挤压	763K×1h,393K×24h	614	586	12.0
		两阶段热处理	669	641	11.0
X7091	超声雾化+挤压	758K×1h,394K×200h	623	583	12.0
	气体雾化+挤压	T7E69	658	571	13.0

2. 快速凝固高比强铝合金

在铝或铝合金中加入 Li 或 Be 不仅能提高合金的弹性模量，同时还能降低合金的密度，这对航空航天用新材料的开发具有重要的意义。由于在铝或铝合金中加入 Be 后冶炼比较困难，而且 Be 有较大的毒性，所以通常采用加入 Li 的方法达到减小铝合金的密度、增加弹性模量的目的。由于 Li 的密度仅为 $0.53g/cm^3$，是自然界中已知最轻的金属，在 Al-Li 合金中每增加 1%（质量分数）的 Li，就可以使合金在提高约 6% 弹性模量的同时，减小约 3% 的密度。但是采用常规铸造工艺生产时，Al-Li 合金的塑性和断裂韧性都较差，当 Li 的质量分数大于 2.7% 时还容易产生严重偏析。

快速凝固技术的应用可以很好地解决这一问题。Al-Li 合金在快速凝固后，由于基体晶粒和 Al_3Li 沉淀相的细化，减小了外力作用下位错的滑移距离，并降低应力集中程度，因而可以有效地阻止裂纹的产生，改善合金的性能。同时，快速凝固扩大合金的固溶度还可以增加合金中 Li 的含量，使 Li 的质量分数达到 5% 时都不会出现粗大沉淀相，而 Li 含量的增加又进一步提高了合金的性能。

快速凝固最重要的作用是提高 Li 含量来降低合金的密度，其次是提高 Zr 含量来提高合金的性能。快速凝固的另一进展是在 Al-Li 合金中加 Be 来显著减轻大型结构件的质量，而强度还会有所提高。如果用熔铸工艺，溶解度极低的 Be 将在合金中形成粗大的颗粒沉淀，使合金的塑性降低。

快速凝固铝锂合金具有以下的优点：

1）能制造出 Li 的质量分数大于 3% 的 Al-Li 合金，可能减轻重量达 10% ~ 15%，并进一步提高强度。

2）使微观组织均匀细小，包括细化晶粒和减少粗大金属间化合物，从而有助于提高强度、塑性和韧性。

3）形成新的混合弥散相，它能更有效地阻碍平面滑移，有助于合金强韧化。

一些快速凝固 Al-Li 合金的成分和性能如表 4-2 所示。

表 4-2　一些快速凝固 Al-Li 合金的成分和性能

合金（质量分数，%）	密度/ (g/cm^3)	力学性能			
		下屈服强度 R_{eL}/ MPa	抗拉强度 R_m/MPa	断后伸长率 $A(\%)$	断裂韧度 K_q/ $(MN/m^{3/2})$
Al-3Li	2.474	313	388	5.7	
Al-3Li-0.2Zr	2.485	418	481	8.2	
Al-3Li-0.5Zr	2.482	449	511	9.7	
Al-3Li-1Mg-0.2Zr	2.486	453	542	9.0	
Al-3Li-1Cu-0.2Zr	2.485	438	502	8.7	
Al-3Li-0.4Cu-0.4Mg-0.4Zr	2.50	487	581	6.0	32
	2.48	461	574	5.9	39

（续）

合金（质量分数,%）	密度/（g/cm³）	力学性能			
		下屈服强度 R_{eL}/MPa	抗拉强度 R_m/MPa	断后伸长率 A(%)	断裂震韧度 K_q/（MN/m³/²）
Al-3.4Li-0.8Cu-0.4Mg-0.5Zr	2.42	458	581	6.5	
Al-4Li-0.2Zr	2.43	449	508	6.0	
Al-4Li-1Cu-0.2Zr	2.43	473	510	3.8	
	2.43	503	568	4.2	
Al-4Li-3Mg-0.2Zr	2.49	468	514	4.9	
Al-4Li-1Mg-0.5Cu-0.2Zr	2.51	460	602	4.7	

3. 快速凝固铝硅合金

利用快速凝固技术制备 Al-Si 合金，在保持高 Si 含量的情况下，能够获得微细组织、过饱和固熔体、少偏析或无偏析的独特组织特征。因此这种合金必然具有与常规铸造合金不同的性能特点，如优良的耐磨性、耐热性，高比强度及低热膨胀性等。快速凝固 Al-Si 合金是一种很有发展前景的高性能结构材料，在汽车、宇航及电子工业中有广泛的应用潜力。

快速凝固 Al-Si 合金的制备方法最常见的主要有快速凝固粉末冶金法和喷射成形法两种。快速凝固 Al-Si 合金的粉末制备方法主要有水雾化法、气体雾化法、超声速雾化法、离心雾化法以及多级雾化法等。

总之，快速凝固能够阻碍 Al-Si 及其多元合金的 Si 相和基体晶粒的长大，所形成的金属间化合物热稳定性提高，在后续的高温加热过程中不发生溶解和粗化，使合金在常温和高温时都能保持细小的组织特点。

一些快速凝固 Al-Si 合金的主要性能如表 4-3 所示。

表 4-3　一些快速凝固 Al-Si 合金的主要性能

合金（质量分数,%）	状态	快速凝固工艺	拉伸性能					
			抗拉强度 R_m/MPa		规定塑性延伸强度 $R_{p0.2}$/MPa		断后伸长率 A(%)	
			室温	473K	室温	473K	室温	473K
Al-12Si	473~573K 热挤压	离心雾化	244		162			
Al-12Si-2Cu	挤压+443K×6h 时效		476		363		5	
Al-20Si-7.5Fe	热挤压		376					
Al-25Si-3.5Cu-0.5Mg	623~673K 热挤压	多级雾化	380	290	260	240	2	
Al-12Si-5Fe-3Cu-0.5Mg-0.3Mn	723~773K 热挤压+T6	气体雾化	476	450			0.6	
Al-20Si-5Fe-1.9Ni	723~773K 热挤压		413.6				1.0	
Al-17Si-6Fe-4.5Cu-0.5Mg	723K 热挤压+T6 时效	喷射成形	550	470	460	370	1.0	

4. 快速凝固高温铝合金

随着航空航天事业的发展，对铝合金的工作温度提出了越来越高的要求。但是大多数常规铝合金在高于 $T_m/2$（T_m 为合金的熔点）的温度下使用时就会因沉淀相和晶粒尺寸严重粗化而使性能下降。产生沉淀相粗化的主要原因是某些溶质合金元素具有很高的扩散速度，以及沉淀相与基体之间有较高的界面能，因而使沉淀相的高温稳定性很差。

由于快速凝固技术的应用可以扩大合金元素的过饱和固溶度，因而为研制能在较高温度下工作的新型高温铝合金开辟了道路。

快速凝固高温铝合金通常是过共晶或过包晶成分的合金，合金中含有两种或更多种在平衡条件下几乎不固溶于 Al 的过渡族金属元素（如 Fe、Ni、Ti、Zr、Cr、V、Mo 等）和镧系金属元素（如 Ce、Gd 等），有的合金还含有 Si 等非金属元素。在这类合金中应用较多的主要是 Al-Fe 合金和以 Al-Fe 为基的三元、四元合金以及以 Al-Cr 为基的合金，它们一般用雾化法或平面流铸造法生产。

Jones 研究了快速凝固 Al-Fe 合金。当凝固冷却速度较高时，Fe 在 Al 中的固溶度可以从 0.025% 增加到 10%，相应的合金硬度也提高了 2 倍以上，但是 Al-Fe 合金快速凝固后的良好性能在退火后由于沉淀相析出过快而有所下降，因此需进一步加入第三或第四合金组元以解决上述问题。一些快速凝固耐热铝合金的力学性能如表 4-4 所示。

表 4-4　一些快速凝固耐热铝合金的力学性能

牌号	合金（质量分数,%）	密度/（g/cm³）	室温力学性能			高温力学性能（588K）		
			下屈服强度 R_{eL}/MPa	抗拉强度 R_m/MPa	断后伸长率 A(%)	下屈服强度 R_{eL}/MPa	抗拉强度 R_m/MPa	断后伸长率 A(%)
CU78	Al-8Fe-4Ce	2.95	460	589	2.4	132	163	5.5
CZ42	Al-7Fe-6Ce	2.96	491	565	9.0	168	212	8.0
—	Al-8Fe-7Ce	3.0	457	564	8.0	225	271	7.3
P&W	Al-8Fe-2Mo-1V	2.92	393	512	3.0	208	237	9.7
Alcan	Al-4.5Cr-1.5Zr-1.2Mn	2.86	486	536	7.7	214	235	
FVS0611	Al-5.5Fe-0.5V-1.0Si	2.83	310	352	16.7	172	193	17.3
FVS0812	Al-8.5Fe-1.3V-1.7Si	2.92	414	462	12.9	255	276	11.0
FVS1212	Al-11.7Fe-1.15V-2.4Si	3.02	531	559	7.2	297	303	6.8

4.1.3　快速凝固镁合金

镁合金在接近平衡状态的常规凝固条件下，微观组织比较粗大，晶粒尺寸一般在数十微米至数百微米之间，甚至达到毫米级。同时，析出相也比较粗大，而且在高温下极易粗化。因此，采用常规铸造方法生产的镁合金室温和高温强度都不是很理想，难以满足高性能结构材料的需求，大都是用于要求较低的工作环境中，一直没能成为一种能够工业化应用的工程材料。

快速凝固技术的出现为高性能镁合金结构材料和新型镁合金的研制开辟了广阔的前景，国际上快速凝固镁合金的发展经历了以下两个阶段：

第一阶段（1950—1960 年）：1953 年和 1955 年，美国 Dow 化学公司先后采用气体雾化法和旋转冷却盘法制备了镁合金。该公司用自行发明的保护气氛下无预压粉末直接挤压法制备出了性能优异的镁合金结构件，并被用于制作 C133 运输机的地板和装货滑道。由于镁合金粉末易燃易爆，粉末处理困难，该方法不久便被淘汰了。

第二阶段（1980 年至今）：美国 Allied Signal 公司及 Pechiney/Norsk-Hydro 公司相继开发了镁合金的平流铸造法和模冷法（如熔体旋铸及双辊淬火法），并获得成功应用。

快速凝固技术改变了镁合金的微观组织结构和性能，主要表现在：

1）固溶度和晶格常数变化。采用快速凝固技术制备镁合金时，可以扩展合金元素在镁中的固溶度，冷却速度越高，固溶度越大。Y、Ca、Sr 和大部分过渡金属元素固溶到镁中，可以大幅度降低 c/a 值（晶格常数比值），扩展 α-Mg 的固溶度区间。

2）形成新相，改变相结构。采用快速凝固技术制备镁合金时，可以产生新的晶体相、准晶相和非晶相，如在 Mg-Sn、Mg-Si 合金中形成新的面心立方相。

3）晶粒细化，形成弥散相。快速凝固工艺可以显著细化镁合金的晶粒组织，减小成分偏析，生成细小弥散的沉淀相并分布于晶界和晶粒内，从而大幅度提高镁合金的力学性能。

4）力学性能和耐蚀性显著提高。与常规铸造镁合金相比，快速凝固镁合金的室温比抗拉强度超过常规镁合金 40%~60%；压缩屈服强度/拉伸屈服强度由 0.7 增加到 1.1 以上，比拉伸屈服强度超过常规镁合金 52%~98%，比压缩屈服强度则超过 45%~230%；伸长率为 5%~15%，经热处理后可上升至 22%。

快速凝固镁合金还具有比常规镁合金好得多的耐蚀性，如图 4-1 所示。

4.1.4　快速凝固高温合金

高温合金是在较高温度下工作的一类重要合金材料，它是 20 世纪 30 年代末期，英、美等国为了适应飞机发动机对耐热材料的需要而开始发展起来的，并在舰船发动机等高温条件下工作的设备中得到广泛

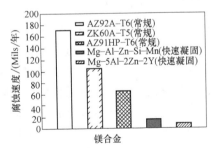

图 4-1　快速凝固镁合金和常规镁合金在 27℃、3%（质量分数）NaCl 溶液中的腐蚀速度

注：1Mil = 25.4×10⁻⁶ m。

应用。随着新型飞机、舰船的出现和发动机工作温度的不断提高，对具有各种优异性能的高温合金的需求也更加迫切。目前已经研究成功的高温合金有几百种之多。

快速凝固技术为制备出更高优异性能的高温合金提供了可能。本节主要介绍三种快速凝固高温合金，即快速凝固镍基高温合金、以金属间化合物为基的快速凝固高温合金和快速凝固钴基高温合金。

1. 快速凝固镍基高温合金

快速凝固技术的应用有效地解决了常规铸造工艺中镍基高温合金容易产生枝晶粗大、成分偏析和出现脆性相等问题，为发展镍基高温合金开辟了新的途径，下面从组织和性能的角度分别介绍三种不同类型的快速凝固镍基高温合金。

（1）常规快速凝固镍基高温合金 这类合金实际上是第一代快速凝固镍基高温合金。常规镍基高温合金在快速凝固后，粗大的树枝晶变成了细小的等轴晶、胞状晶或树枝晶，组织和成分十分均匀，夹杂物尺寸明显减小，γ（Ni）固溶体过饱和固溶度大大提高，在冷却速度较高时粗大的 $\gamma + \gamma'$ 共晶，因成分偏析可能形成的 σ 等脆性相被完全抑制。同时，对镍基高温合金的性能有重要影响的碳化物的尺寸、形态、成分与结构也在快速凝固后产生了较大变化。

镍基高温合金在快速凝固后形成的良好微观组织结构使铸态合金的脆性得到很大改善，因而快速凝固镍基高温合金一般在具有较高室温强度的同时，还具有很好的塑性、韧性和加工性能。

常规精密铸造与快速凝固镍基高温合金的室温力学性能对比如表 4-5 所示。

表 4-5 常规精密铸造与快速凝固镍基高温合金的室温力学性能对比

合金	生产工艺	晶粒尺寸/μm	规定塑性延伸强度 $R_{p0.2}$/MPa	抗拉强度 R_m/MPa	断后伸长率 A（%）	断面收缩率 Z（%）
IN-100	精密铸造	3000	938	986	4	8
	雾化快速凝固后挤压成形	5~8	1207	1682	8	10
Rene95	常规铸造后锻压		1241	1586	10	12
	雾化快速凝固后热等静压再轧制		1372	1751	15	22

（2）调整成分后的快速凝固镍基高温合金 由于常规高温合金的成分都是针对常规铸造或锻造工艺的特点、结合对高温合金性能的要求经过长期研究而确定的，所以它们不一定完全适合快速凝固技术的特点。同时快速凝固合金微观组织结构的改善也为突破原有合金的成分限制、研制新型合金提供了可能性。在原有合金成分的基础上做一些适当改进是比较简单也比较可靠的方法，并且可以为研制具有全新成分的新型合金提供依据。例如，在 IN-100 合金成分的基础上提高 Al、Ti 含量（相应减少 Ni 含量，其他合金成分不变），对比其铸造和快速凝固态合金的微观组织结构和室温性能后发现，当 IN-100 合金中 Al、Ti 含量进一步增加后，铸态合金的室温脆性更加严重，而相应的快速凝固合金仍然由细小的 γ 过饱和固溶体

和 MC 型碳化物组成，铸造合金中原有的粗大 γ+γ′ 共晶被完全抑制，γ′ 只是处于预析出阶段，而且当 Al、Ti 总含量达 11.5%（质量分数）时也没有出现其他脆性相，因而合金的室温硬度、强度和塑性都比铸造合金有明显提高。

（3）具有全新成分的快速凝固镍基高温合金　在常规高温合金的成分基础上进行个别合金元素含量的调整虽然有可能使合金的组织结构和性能得到一定改善，但是受常规合金成分的限制仍然比较大，所以从 20 世纪 80 年代初期开始，先后研制了一些更加适合快速凝固技术特点、具有全新成分的镍基高温合金。这些合金大多突破了常规高温合金成分复杂的问题，而且不含或少含价格昂贵的战略元素。它们与在常规合金成分基础上进行适当改进的合金一起可以算是第二代快速凝固镍基高温合金。

该类合金中最典型的代表是 Ni-Cr-Al 和 Ni-Mo-Al 系合金，它们所含的主要合金元素只有三四种。这些合金采用常规方法铸造时由于存在严重的枝晶偏析而有脆性，但是在快速凝固后却具有良好的微观组织结构和优异的室温与高温性能，特别是 Ni-Mo-Al 型合金的性能更为突出。

2. 以金属间化合物为基的快速凝固高温合金

金属间化合物是由金属原子相互结合形成的化合物，它们之所以被称为化合物是因为金属原子之间的键合具有部分共价键的性质，使得原子之间相互结合十分牢固。这一特性使该化合物具有高熔点、高硬度、良好的耐磨性和耐蚀性等特点，当然也存在脆性问题。

快速凝固技术的应用有可能改善这类化合物的室温性能，因而可以研制出以金属间化合物为基的高温合金，其中有一些新型合金已经表现出具有很好的综合性能，而且成分也很简单，所以近年来这方面的研究方兴未艾，十分引人注目，在新型快速凝固合金的研究中占有突出地位。这类合金被认为是 21 世纪的高技术先进合金，主要包括三大类：

1）以 Ni_3Al 为基的快速凝固高温合金。

2）以 NiAl、FeAl 为基的快速凝固高温合金。

3）以其他金属间化合物为基的高温合金。

3. 快速凝固钴基高温合金

铸态钴基合金在微观组织结构与性能上存在的主要问题与镍基高温合金类似，本节所介绍的快速凝固钴基合金是以常规合金和经过调整成分后的新型钴基合金为基础的合金。

Mar-M509 作为最常见的钴基合金之一，经过适当的成分调整后快速凝固，其组织结构发生了明显的变化，力学性能也大大改善。快速凝固与铸态钴基合金的室温力学性能对比如表 4-6 所示。

由表 4-6 可见，由于微观组织结构的改善，无论是成分不变的还是经过成分调整的快速凝固合金的室温强度与塑性，都比很难进行锻造加工的铸态 Mar-M509 合金有了很大的提高，其中塑性的提高更为明显，是铸态合金的3~4倍。

表4-6 快速凝固与铸态钴基合金的室温力学性能对比

合金	工艺条件	晶粒尺寸/μm	规定塑性延伸强度 $R_{p0.2}$/MPa	抗拉强度 R_m/MPa	断后伸长率 A(%)
Mar-M509	精密铸造	4000	552	793	2~5
		5~6	897	1324	14
调整后的 Mar-M509	快速凝固加挤压	5	1310	1725	12
			1587	1932	9

4.1.5 快速凝固铁基合金

在铁基合金中，钢现在还是应用最广泛的结构材料，快速凝固技术已经在工具钢和不锈钢等铁基合金中得到成功应用，其中快速凝固的工具钢早已投入实际使用。

1. 工具钢

工具钢一般主要通过在马氏体基体上的碳化物强化而具有较高的硬度和耐磨性，因此这类钢中合金元素含量一般比较高，在用常规方法生产时，铸锭中也会产生粗大枝晶和严重的枝晶偏析，形成许多硬而脆的粗大共晶碳化物。即使经过压缩比为98%的热加工后仍然会存在因偏析产生的带状组织，并且难以在扩散退火中完全消除。这些微观组织结构上的缺陷都会影响合金的力学性能和可加工性。

快速凝固不仅可以使合金的晶粒细化、偏析减小，还能扩展合金元素的固溶度和形成亚稳相，经过适当热处理后可以在α-Fe基体上产生均匀、弥散分布的细小碳化物，并能在后续加工和使用过程中基本保持这种良好的微观组织结构，因而可以省去常规工艺中使碳化物分布均匀化的热加工工序。微观组织结构的改善有效地提高了合金的性能，例如快速凝固提高了工具钢的韧性，因而可以避免热处理过程中出现裂纹和变形，同时使合金在热处理后达到更高的硬度和提高了回火二次硬化达到峰值硬度的温度，明显增强了合金的耐磨性，特别是高合金钢的耐磨性。

对常规的W18Cr4V和W6Mo5Cr4V2高速工具钢的研究表明，它们在快速凝固后抑制了大部分碳化物的析出，微观组织结构主要由亚稳的奥氏体和少量碳化物组成，经回火后形成体积分数很高的弥散碳化物，同时亚稳的奥氏体也在回火冷却时转变成马氏体。

2. 不锈钢

常规方法生产的不锈钢通常是单相合金，快速凝固后不仅由于合金的组织和成分更加均匀，可以提高不锈钢的耐蚀性，而且还由于晶粒细化和有可能形成弥散强化的第二相等，同时改善了不锈钢的强度、韧性等力学性能。快速凝固不锈钢的研究工作也主要可以分为对常规成分不锈钢的快速凝固研究和研制改进成分的新型快速凝固不锈钢两个方面。

在对常规不锈钢快速凝固后微观组织结构和性能进行了研究，303（美国牌号，相当于我国的 Y12Cr18Ni9）不锈钢在快速凝固后不仅晶粒明显细化，而且与用常规方法生产的不锈钢相比，晶粒对高温长大趋势有很大的抗力，不锈钢在固结成形和随后的加工中都基本可以保持均匀细小的晶粒结构。这不仅对改善不锈钢的强度、韧性等力学性能十分有益，还使合金表面容易形成 Al_2O_3、Cr_2O_3 和 SiO_2 薄膜，因而提高了不锈钢的耐蚀性。

快速凝固不锈钢主要特点如下：

1）改善了焊接性能。在原子能用钢中，奥氏体不锈钢是重要材料，但是奥氏体不锈焊接时有热裂的趋势。快速凝固工艺是解决这一问题的途径。在快速冷却和高过冷度的情况下，能形成新的亚稳相结构，称之为典型的焊接组织。由于快速凝固结构中偏析明显减少，从而降低了对热裂纹的敏感性。

2）改善了力学性能。快速凝固可使 Fe-Cr-C 马氏体钢的晶粒细化到约 $5\mu m$，从而减少了合金元素的偏析，并改变了 δ 铁素体和残留奥氏体的分布、性能以及析出相的本质。快速凝固使含 V 或 Mo 的 Fe-Cr-C 合金中的 δ 铁素体量明显减少，经 1100℃ 热处理可消除合金中的 δ 铁素体，使之有可能添加大量的 V 或 Mo，以便引起进一步的固溶强化作用和提高回火稳定性，改善合金的力学性能。

3）提高了抗氧化特性。

4）具有超塑性。

4.1.6　快速凝固钛合金

钛合金一般具有比铝合金更好的强度、耐蚀性、抗氧化性能和高温性能，用作航空材料可使飞机克服"热障"，性能有了较大的提高，因而在航天、航空工业部门受到广泛的重视。钛合金熔点很高（Ti 的熔点高达 1668℃），熔化后有极高的化学活性，极易受氧化和杂质污染，因此快速凝固钛合金的研究开展较晚。从 20 世纪 70 年代末期开始，在一般快速凝固技术的基础上对设备和工艺参数做了一些改进，开发出了一些适合于钛合金生产的快速凝固方法和设备，如电子束熔化-熔体旋转、激光熔化-自旋雾化等方法，这些方法的共同特点是：

1）设备运转时处于高真空条件下，以避免氧化与污染。

2）用温度较高的电子束、激光束或等离子体束作为能源熔化母合金。

3）一般不用坩埚等容器，以避免污染。

1. 高温钛合金

高温钛合金主要用于制作飞机涡轮发动机中压气机的轮盘和叶片，但常规钛合金的最高工作温度只有 590℃。为了把钛合金的使用温度提高到 700℃ 左右，必须对现有的常规钛合金的成分做适当的调整，以便充分发挥快速凝固技术的特点。具体的方法有两种：

1）设法在快速凝固合金中形成高温下稳定的弥散强化相。研制沉淀强化新型快速凝固高温钛合金的主要途径是在合金中加入 B、Si 等类金属元素和 La、Ce 等稀土金属元素。由于这些合金元素起到明显的固溶强化、沉淀强化和稳定组织结构的作用，再加上快速凝固对合金微观组织结构的其他改善，所以快速凝固新型钛合金的性能与常规钛合金相比有了显著的提高。例如，在常规钛合金中加入超过平衡固溶度极限 1%（摩尔分数）的类金属元素，可以使合金的室温硬度提高 4%～13%；如果加入超过平衡固溶度极限 1%（摩尔分数）的稀土金属元素，则会使合金的室温硬度提高 20%～47%。

2）研制以金属间化合物为基的快速凝固合金。快速凝固技术在提高钛合金的使用温度方面仅能起到较小的作用，绝大部分的研究工作集中在开发钛铝化合物方面。以金属间化合物 Ti_3Al（α_2）和 TiAl（γ）为基的材料，有望使钛基合金的使用温度分别提高到 650℃ 和 800℃ 左右。该类合金具有有序结构，因而抗蠕变性能很优异。

2. 高强钛合金

钛合金中加入 Ni、Fe、Cu、Si、Cr 等共析形成元素虽然可以提高合金的强度，但是用常规铸造方法生产时很容易产生晶界偏析，因此合金化的效果不好。快速凝固技术的应用为这些合金元素固溶起了重要作用。例如，快速凝固 Ti-3Ni、Ti-7Ni 合金都具有均匀细小的显微组织，快速凝固后或退火后产生的 Ti_2Ni 弥散沉淀和晶粒细化有效提高了合金的强度，如果在合金中加入第三组元以适当控制 α-Ti 和 β-Ti 的尺寸还可以进一步提高合金的强度，改善合金的塑性和疲劳强度。快速凝固 Ti-15Cr-4Al、Ti-8V-5Fe-11Al、Ti-36W、Ti-19W-26Ni 和 Ti-17W-2Ni-0.3Si 等合金也都具有很高的强度和其他优异的力学性能，例如 Ti-8V-5Fe-11Al 合金的抗拉强度超过了 1380MPa，而断后伸长率达到 10%。

另一类快速凝固高强度 β-钛合金具有体心立方结构，例如 Ti-6Al-15V-2Er、Ti-25V-4Ce-0.6S、Ti-25V-4Ce-0.6S、Ti-24V-10Cr 和 Ti-24V-10Cr-8Er 等合金，这些合金主要通过快速凝固和适当的热处理产生弥散沉淀相达到强化的目的。快速凝固 Ti-24V-10Cr-8Er 合金由于产生了体积分数达 4% 以上的弥散 Er_2O_3 颗粒（尺寸为 10～50nm），使合金的室温抗拉强度增加了 175～200MPa，同时合金的工作温度也得到了提高。据估计，上述这些快速凝固高强度钛合金的最高抗拉强度可以达到 1725MPa。

4.1.7　快速凝固铜合金

传统的铸锭冶金法是在纯铜中加入合金化元素来提高强度的，但合金化元素往往降低导电性，而且由于合金化元素在铜基体中固溶度有限，难以大幅度提高强度。

快速凝固技术的发展为研究和开发高性能铜合金开辟了新的途径。采用快速凝固技术由于凝固过程冷却速度快，过冷度大，使合金的凝固极大地偏离平衡，扩大了合金元素在铜中的固溶度，提高了时效处理后铜基体中第二相含量，并使沉淀相进一步弥散，晶体组织更加细化，显著减少偏析。快速凝固铜合金不仅保持很好的导电性，而且提高了合金的室温和高温强度，改善了合金的耐磨性和耐蚀性。

一些快速凝固铜合金的力学性能及导电性能如表 4-7 所示。

表 4-7　一些快速凝固铜合金的力学性能及导电性能

合金（质量分数，%）	制备工艺	显微硬度 HV	抗拉强度 R_m/MPa	断后伸长率 A（%）	电导率 （%IACS）
Cu-0.4Zr	喷射成形+形变热处理		552	7	82
Cu-0.5Zr	超声气体雾化+热挤压		460	11	91
Cu-0.33Zr（摩尔分数）	熔体旋淬法+时效	340			40
Cu-3.3Cr（摩尔分数）		400			50
Cu-2Cr（摩尔分数）	熔体旋淬法+时效	200	562	3.4	
Cu-5Cr（摩尔分数）		250	760	2	
Cu-2Cr-0.3Zr	喷射成形+形变热处理		800		75
Cu-10Ni-3Cr-3Si		540	810	7	18
Cu-15Ni-8Sn			1057	6	
Cu-30Ni-3Cr	气体雾化+形变热处理	94.2HRB	752	19.6	
Cu-4Ni-2Ti	喷射成形+时效	76HRB			46
Cu-4.3Ti	氩气雾化+冷变形+时效	370	>1000		20
Cu-8Cr-4Nb	氩气雾化+时效	176	425	18.5	

由于具有上述许多特性，当快速凝固铜合金代替常规铜合金制作耐磨电接触开关、冷凝管、舰艇中的管道和减弱机器噪声的声阻元件、轴承、螺栓、螺旋桨叶片、齿轮等构件时，能够有效地提高它们的综合性能。快速凝固 Cu-Cr-Zr 合金可以用来制作同时要求很高导电性、导热性和疲劳强度的部件。快速凝固 Cu-Pb 合金由于性能好、成本低，也可以代替价格较贵的常规青铜合金（铜的质量分数大于 80%）制作轴承。

4.2　快速凝固非晶态合金

非晶态通常是指熔体、液体和不具有晶体结构的非金属物质。1960 年，美国的 Duwez 创立了快速凝固技术并应用这一技术从 Au-Si 合金熔体中制备了非晶态合金后，非晶态的概念才经常与固态金属和合金联系在一起，并且常用金属玻璃来表示非晶态合金，现在非晶已不仅仅作为合金在快速凝固中出现的一种亚稳相，而且成为一类重要的合金材料。特别是 1973 年，美国首次生产出具有很好的导磁性和耐蚀性的非晶态铁基合金薄带后，非晶态合金的研究受到世界各国广泛的重视和注意，在合金的结构、性能、应用和生产工艺等方面的研究中都取得了很大的进展。

从 20 世纪 70 年代中后期以来，国内许多单位也开展了非晶态合金的研究，其中不少非晶态合金已投入到实际应用中，并取得了显著的成效。

4.2.1 非晶态合金的结构

1. 非晶态材料结构的主要特征

（1）长程无序性　众所周知，晶体结构最基本的特点是原子排列的长程有序性，即晶体的原子在三维空间排列，沿着每个点阵直线方向原子有规则的重复排列，即晶体结构的周期性。大量的试验证明，非晶态材料的原子不是绝对无规则的，长程无序而短程有序。一般来说，非晶态的短程有序区的限度为 1.4~1.6nm。例如非晶 Si 每个原子为四价共价键，与最临近的原子构成四面体，表现出短程有序性。另外从宏观特性考虑，非晶态合金表现出金属性质，非晶态半导体基本上保持半导体性质，绝缘体制成的非晶仍然为绝缘体。这也是由于非晶态具有相应晶态类似的短程有序来决定的。

（2）亚稳态特性　非晶态是一种亚稳态。所谓亚稳态是指该状态下系统的自由能比平衡态高，有向平衡态转变的趋势。晶态材料在熔点以下一般都处在自由能最低的稳定平衡态。亚稳态容易在外界条件影响下将发生微观结构的各种变化，如产生结构弛豫、相分离和非晶态晶化等，这些结构上的变化必然引起性能改变。因此，对任何有实用价值的非晶态材料都必须研究它们的稳定性。当然，从亚稳态转变到平衡态都必须克服一定势垒。因此，非晶态及其结构都有相对的稳定性。这种相对稳定性直接关系到非晶态材料实用的状态和寿命以及应用范围。

2. 非晶态材料结构的理论模型

（1）微晶模型　微晶模型理论认为，金属玻璃是由许多尺寸仅为 2nm 左右、取向无规则的微晶晶粒组成的。由于各个晶粒尺寸十分微小，所以总的晶界体积在金属玻璃中所占的比例几乎达到总体积的 1/2，而这一模型却没有提供晶界结构的细节，而且根据这一模型计算出来的径向分布函数、密度等与试验测定结果也相差很大，所以微晶模型现在很少使用。

（2）随机密堆模型　1959 年，伯纳尔（Bernal）在研究液体结构时首先采用了硬球无规密堆模型，后来芬尼（Finey）制作了一个 8000 滚珠的实体模型（DRP）。DRP 试验方法是：选取一定数量的不会发生变形的硬球逐个放入到一个用软皮或塑料做成的袋子中，并在摇晃后使装入袋子中的球的总体积达到最小，这时各个小球经过随机密排到了长程无序条件下最大可能密度；然后向袋子中倒入蜡使各个球的位置固定，将软皮或塑料剥开；再逐个测定每个球的位置坐标，就可以确定用这一模型描述的液体的具体结构。伯纳尔发现 DRP 模型中不存在周期性重复的晶态有序区，但无序密堆结构如图 4-2 所示的五种不同的多面体组成，五种伯纳尔多面体所占的比例如表 4-8 所示。从表 4-8 可以看出，四面体结构占 73%，这说明了四面体是无规则密堆中的主要短程结构。

a)　　　　　　b)　　　　　　c)　　　　　　d)　　　　　　e)

图 4-2　伯纳尔多面体

a）四面体　b）八面体　c）三角棱柱，附三个半八面体　d）Achimedes
反棱柱，附两个半八面体　e）四角十二面体

表 4-8　五种伯纳尔多面体所占的比例

多面体类型	数量分数（%）	体积分数（%）
四面体	73	48.4
八面体	20.3	26.9
三角棱柱	3.2	7.8
Achimedes 反棱柱	0.4	2.1
四角十二面体	3.1	14.8

（3）无规网络模型　这一模型理论认为，金属-类金属型非晶合金的结构可以用有一定畸变的三角棱柱体单元组成的无规网络描述，其中金属原子组成棱柱体，而类金属原子位于棱柱体内，原子之间仍然形成紧密堆垛。这一模型主要是用计算机模拟的方式建立的，适用于描述类金属原子含量较高的金属玻璃结构。

4.2.2　非晶态合金的性能

非晶态合金由于在成分、结构上与一般晶态合金有较大的差异，所以其在许多方面具有与晶态合金不同的独特性能。

1. 物理性能

（1）电学性能　金属玻璃由于具有长程无序的结构特征，在金属-类金属型非晶合金中含有许多的类金属元素，所以金属玻璃结构对电子有较强的散射能力，因而非晶合金一般具有较高的电阻率。

（2）磁学性能

1）软磁性能。由于在非晶合金中没有晶界，一般也没有沉淀相粒子等障碍对磁畴壁的钉扎作用，所以具有软磁性能的非晶合金很容易磁化，矫顽力 H_c 极低，一般 $H_c \leqslant 8A/m$。同时由于非晶合金具有很高的电阻，还可以明显降低伴随磁畴方向改变时产生的涡流损失，所以，金属玻璃用作低频磁芯时的磁芯损耗很低。

2）硬磁性能。与晶态合金不同的是，有些非晶永磁合金在经过部分晶化处理后磁学性能会有很大的提高，像许多铁基稀土非晶合金一样，在经过部分晶化后，矫顽力可以增加两个数量级以上，具有很好的永磁性能。例如，模冷快速凝固和雾化快速凝固的 Nd-Fe-B 非晶合金，在经过热加工处理并控制形变织构方向后，磁能积分别达到 40MG·Oe 和 45MG·Oe 1G = 10^{-4}T，$1O_e$ = 79.5775A/m，这是目前永磁合金磁能积能够达到的最高值。

2. 电化学性能

由于在金属玻璃中没有晶界、沉淀相界、位错等容易引起局部腐蚀的部位，同时也不存在晶态合金中容易出现的成分偏析，所以非晶合金在结构和成分上都比晶态合金更加均匀，因而具有更高的耐蚀性。

3. 力学性能

（1）强度、硬度和刚度　金属玻璃中原子之间一般都有比较强的键合，特别是金属-类金属型金属玻璃中的原子键合要比一般晶态合金强得多，而非晶合金总原子排列的长程无序、缺乏周期性又使合金在受力时不会产生滑移。这些因素使非晶合金一般具有很高的室温强度、硬度和较高的刚度。表 4-9 列出了几种典型的金属玻璃的强度、硬度、弹性模量和密度。

表 4-9　几种典型的金属玻璃的强度、硬度、弹性模量和密度

合金 R_{eL}	下屈服强度 R_{eL}/GPa	抗拉强度 R_m/GPa	硬度 HV	弹性模量 E/GPa	密度 ρ/ (g/cm³)
$Ni_{36}Fe_{32}Cr_{14}P_{12}B_6$	2.73		863	141	7.46
$Ni_{49}Fe_{20}P_{14}B_6Si_{12}$	2.35	2.38	777	129	7.65
$Fe_{80}P_{16}C_3B_1$	2.44		819	135	7.30
$Fe_{80}Si_{10}B_{10}$	2.91		813	158	
$Fe_{80}P_{13}C_7$	2.30	3.04	745	122	
$Fe_{80}B_{20}$	3.63		1079	166	
$Co_{77.5}Si_{12.5}B_{10}$	3.58		1120	190	
$Pt_{60}Ni_{15}P_{25}$	1.18	1.86	400	96.1	15.71
$Pd_{77.5}Cu_6Si_{16.5}$	1.47	1.52	488	90.7	10.40
$Pd_{80}Si_{20}$	0.86	1.34	480	88.0	10.30
$Ni_{60}Nb_{40}$	1.93		882	125	
$Cu_{50}Zr_{50}$	1.80		568	83.5	7.33

（2）韧性和塑性　非晶态合金不仅具有很高的强度和硬度，而且与脆性的非金属玻璃截然不同，通常具有很好的韧性，并且在一定的受力条件下还具有很好的塑性。例如，强度很高的 $Fe_{80}B_{20}$ 金属玻璃在平面应变条件下的断裂韧度 K_{IC} 可达 12MPa·$m^{1/2}$，这比强度相近的其他材料的断裂韧度都要高得多，其中比石英玻璃的断裂韧度约高两个数量级。同时，由于金属玻璃中的原子排列是随机密排的，所以在撕裂条件下的断裂韧度高达 50 MPa·$m^{1/2}$，撕裂功也高达 10J/cm²。

4.2.3　大块非晶态合金的制备方法

用快速凝固（10^5 K/s 以上）可以很方便地制备非晶粉末或小尺寸的非晶态合金，而对大块非晶态合金的制备，冷却速度将受到限制。目前绝大多数大块金属玻璃的制备，都是在熔体冷却速度小于 10^3 K/s 的近快速凝固的条件下进行的。

（1）铜模吸铸法　该方法是制备金属玻璃块材料通常采用的方法。其制备过程是：待母合金熔化后，将熔体从坩埚中吸铸到水冷铜模中，形成具有一定形状和尺寸的块体材料。母合金熔化可以采用感应加热法或电弧熔炼法。

（2）粉末冶金技术　粉末冶金技术就是把非晶态粉末装入模具进行一定的工艺成形，如温挤压、动力压实、粉末轧制、压制烧结等技术。

（3）熔体水淬法　选择合适成分的合金放石英管中，在真空（或保护气氛）中使母合金加热熔化，然后进行水淬，所得的非晶合金棒材表面光亮，有金属光泽。该方法的特点是熔渣包覆在合金的四周，可以避免在加热时由于真空度的不足而造成的氧化，加热时即使石英管破裂，黏稠的熔渣也可以将合金熔体与大气隔离，避免氧化。另外熔渣可以吸附异质形核质点，起到净化的作用。目前，Pd-Ca-P 合金经过熔体净化处理水淬得到的非晶最大尺寸为 72 mm。

（4）压铸法　制备样品的母合金熔化后，在一定的压力和速度下将合金熔体压入金属型内腔。该方法的特点是液态金属填充好，可以直接做较复杂形状的大尺寸金属玻璃器件。目前用该方法制备的镁基非晶合金试棒为 9mm。

（5）非晶条带直接复合——爆炸焊接　爆炸焊接是一种崭新的工艺技术，在工程领域得到了广泛应用。其基本原理是：在地面基础上的多层金属板以一定的间隙、距离支持起来。当均匀放在复板上的炸药被地雷管引爆后，爆炸波将一部分能量传给复板。由于基板和复板的高速、高压和瞬时的撞击，在它们的接触面发生许多物理和化学变化过程，使它们焊接在一起。

（6）定向凝固铸造法　这种方法要控制定向凝固速度和固液界面前沿的液相温度梯度，温度梯度越大，定向凝固速度越快，冷却速度则越大，可以制备的非晶的截面尺寸也越大。这种方法适于制备截面积不大但比较长的样品。

（7）磁悬浮熔炼铜模冷却法　该方法的优点是熔体不与坩埚壁接触或软接触，避免了异质形核，有利于金属玻璃形成。不足之处在于受磁悬浮能力的限制，只能制备出比较小的样品。镁基和锆基合金可以做出直径为 4mm 的试棒或截面尺寸为 4mm×6mm 的板状完全非晶样品，进行各种力学性能试验。

（8）固态反应　固态反应制备块体非晶的方法是利用扩散反应动力学对固态晶体进行各种无序化操作，使之演变为非晶相，从而实现由固态晶体直接转化为固态非晶体。从原理上讲，固态反应可以制备出任意尺寸、形状的非晶合金块，但并不是任何一种合金都可以制成非晶体合金块，有些是不易制备的且生产的效率有待进一步提高，对二元或三元合金中原子的扩散，非晶体的形核和生长的机理也有待进一步的研究。

（9）从液相中直接制取　许多学者已找到从液相中直接制取大块非晶的方法。例如：增加合金组元数量用来降低熔体的熔点，提高合金的玻璃化温度，可以使合金更容易直接过冷到熔点以下而不结晶；选择合理的原子尺寸配合，以便构成更加紧密的无序堆积，导致自由体积减小，流动性更小；从技术上抑制非均匀形核等。目前已成功制备出 10mm×12mm×30mm 的 ZrAlNiPd 合金棒材。

4.3　快速凝固准晶态合金

1984 年，Shechtman 等在快速凝固 Al-Mn、Al-Cr、Al-Fe 合金中观察到一种新的结构，这种结构的电子衍射谱具有五次旋转对称性，因此这种结构既不属于晶态合金，也不属于非晶态合金。这种新结构的其他衍射谱还具有二次及三次旋转对称性，即这种未知结构具有与二十面体结构相同的对称性或具有 m-3-5（表示五次轴准晶点群对称关系）点群对称性，所以他们把这种结构命名为二十面体相。后来Levine 等根据理论分析和计算机模拟证明这是一种新的固态金属结构，并把这种新结构称为准晶体。

4.3.1　准晶态合金的分类

根据准晶态合金在热力学上的稳定性，可将其分为稳定准晶态合金和亚稳准晶态合金两大类。

根据准晶体中原子排列的准周期性的不同，可以把准晶体大致分为以下三类：

第一类是具有三维准周期性结构的准晶，例如最早发现的具有二十面体对称性的准晶（IQP）就属于这一类。

第二类是原子的排列在二维方向上具有准周期性，而在第三维方向上原子的排列具有周期性，例如具有十面体对称性的准晶（DQP），具有八次对称性、十二次对称性的准晶都属于这一类。

第三类为一维准晶。一维准晶都是把二维准晶按照 Fibonacci 序列堆垛而成。通过引入合适的线性相位子应变，使十次准晶中的某一个准周期方向转变成周期的，则此十次准晶就转变成了一维准晶。一维准晶中原子二维为周期分布，另外一维为准周期分布。

至今已发现近 200 种成分的准晶，其中有 70 余种是热力学上稳定的，在这些准晶中，有 96 种（其中 47 种是稳定的）二十面体准晶，65 种（其中 26 种是稳定的）十次准晶。

4.3.2　准晶态合金的制备方法

制取亚稳准晶态合金的主要方法是快速凝固技术，具体的工艺方法有：熔体旋转法、激光束表面熔化法、电子束表面熔化法等。

此外，采用不属于快速凝固技术的一些方法也可以形成准晶态合金，如离子注入法、离子束混合法、蒸发沉积法、非晶合金退火等。

制取稳定准晶态合金的方法常用铸造方法，稳定准晶态合金一般有 Al-Li-Cu、Al-Cu-Fe、Al-Pd-Mn、Zn-Mg-Y、Al-Ni-Co 等。

4.3.3　准晶态合金的结构

准晶态合金的结构主要有以下两种：

（1）长程取向有序结构　这种取向序表现为相邻原子或原子团之间的键角长程相关，同时这种取向序可以用一组确定的基矢来表示。

（2）准周期性结构　即如果用质量密度函数来表示准晶的微观结构，那么描述准晶结构的质量密度函数可以用一组周期函数的和来表示。

准晶态合金结构区别于非晶态合金结构的主要特征是具有旋转对称性，而区别于晶态合金结构的主要特征是无平移对称性。

4.3.4　准晶结构的理论模型

对准晶结构提出的理论模型主要是拼砌模型。虽然准晶中原子排列不具有周期性，但是它们仍然是由一定的结构单元以一定的方式连接而组成的。根据结构单元和拼砌方式的不同，拼砌模型又可以分为以下三种：

（1）准晶玻璃模型　这类模型理论认为，准晶与具有一定结构的晶体类似，是由一种具有准晶对称性的结构单元组成的。这种结构单元不可能填满整个空间，当各个结构单元按照原子之间键合取向有序的要求连接时，它们之间必然要有不少无序的原子填满间隙。这种模型除了存在长程键合取向有序外，无序原子的分布与非晶态合金有些类似，因而称为准晶玻璃模型。

（2）完整准晶模型　这类模型理论认为，准晶有两种基本的结构单元，当这两种结构单元以一定的方式连接时可以填满整个空间，因而不存在无序排列的原子。图 4-3 所示为 Penrose 的二维拼砌模型。另一个数学家 Mackay 进一步把 Penrose 的工作推广到三维空间，用两种菱面体结构单元按照一定的规则连接时也得到了类似于 Penrose 在二维空间上得到的结果。Penrose 和

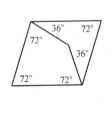
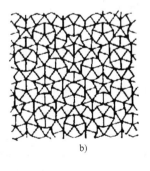

a)　　　　　　　　　b)

图 4-3　Penrose 的二维拼砌模型

a）用两种四边形拼砌成的平面图形

b）两种四边形结构单元

Mackay 的工作为准晶结构模型的研究提供了很好的依据。例如，已经得到广泛承认的一种完整准晶模型就是认为 IQP 是由两种菱面体结构单元按照一定的规则堆垛而成的，其中一种是比较长而尖的菱面体（见图 4-4a），另一种是比较扁而短的菱面体（见图 4-4b）。

（3）不完整准晶模型　该模型也是用两种基本的结构单元来构筑整个结构模型的，但是这两种结构单元在拼砌时并不严格遵守相关的规则，因而在某些局部出现了平移对称性。这一模型描述的准晶存在一些结构缺陷，因此称为不完整准晶模型。由于在应用高分辨电镜等对准晶的微观结构进行的观察中确实发现准晶中存在不少的结构缺陷，所以不完整准晶模型从原则上说更接近于实际的准晶结构。

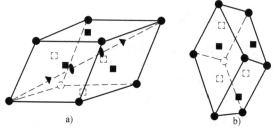

图 4-4　IQP 拼砌模型中的菱面体结构单元
a）尖菱面体　b）扁菱面体
注：图中圆点表示 Al-Mn 合金中 Mn 原子的位置，
其他符号表示 Al 原子的位置。

4.3.5　准晶态合金的性能

自从稳定准晶态合金被发现以来，准晶态合金的各种性能均得到了系统的研究。准晶态合金的性能似乎很像其他的金属间化合物，更为严重的是它们在室温下十分脆，而难以作为结构材料使用。

有两项进展使得准晶态合金的性能研究进入新阶段：

一是其电子传输行为。准晶态合金不仅具有极低的电导率、热导率，而且呈负温度系数。例如，Al-Cu-Ru 稳定准晶态合金在 4K 时电导率仅为 $30\Omega/cm$。

二是力学性能也有独特之处，如高温下的超塑性、无形变结构硬化产生、低摩擦因数、不粘性好等。

1）强度、硬度高。Al-Cu-Fe 二十面体准晶态合金和其类似合金（包括添加少量其他元素的合金）的抗压强度可达 700MPa 以上，硬度为 600~900HV。

2）脆性大，室温下变形难。准晶态合金的压缩率小于 1%，合金化后可稍微有所改善，也在 1% 左右，但在高温时则呈超塑性。由于准晶态合金中的位错是固定位错，不利于变形，一般认为是由热激活原子或空位迁移所致。

3）表面性能。有极低的摩擦因数，如 Al-Cu-Fe 二十面体准晶态合金的自摩擦因数为 0.12；有损伤自恢复功能，由摩擦头引起的裂纹在随后的摩擦过程中趋于消失，因而显示一定的韧性；和食品的不粘性好，这与准晶具有低表面能有关，而表面能是由低表面电子密度所决定的。

第 5 章

<<<<<<<

喷射成形技术

喷射成形的概念和原理最早是由英国的 A. Singer 教授于 20 世纪 60 年代末提出的。该技术通过将金属或合金熔体在惰性气氛中雾化形成液滴喷射流，直接喷射到水冷或非水冷基体上，经过撞击、黏结、凝固而形成大块沉积物，因而具有比铸造工艺高得多的冷却速度。1974 年英国 R. Brooks 等人成功地将喷射成形原理应用于锻造坯的生产，并逐渐发展成为著名的 Osprey 工艺，开发了一系列喷射成形合金系，设计和制造了 Osprey 成套设备，制备了传统方法难以获得的高合金和超合金管、板、带、环、筒和圆锭坯，并申请了两项专利。20 世纪 70 年代后期，美国麻省理工学院的 N. Grant 教授采用超声气体雾化法制备了微细金属液滴，然后沉积在水冷基体上，发展成了 "LDC" 工艺，即 "液体动态压实工艺"。该工艺的冷却速度较高，可以获得大块的快速凝固材料。到 20 世纪 80 年代初，英国的 Auror 钢铁公司将喷射成形技术应用于高合金工具钢和高速工具钢的生产中，进一步发展了喷射成形工艺，并称为 "CSD" 工艺，即 "受控喷射成形工艺"。在该工艺中，喷雾液粒的尺寸较粗，可一次连续雾化生产 2t 工具钢，沉积物的孔隙度接近于零，析出物细小、均匀。

喷射成形工艺是一种介于铸造冶金和粉末冶金之间的工艺，同时兼备了两者的部分优点，而克服了各自的部分缺点，已经发展成为一种最主要的材料制备技术，并得到了广泛的应用。

5.1 喷射成形的基本原理和特点

5.1.1 喷射成形的基本原理

喷射成形过程的基本原理是，熔融金属或合金在惰性气氛中借助高压惰性气体或机械离心雾化形成固液两相的颗粒喷射流，并直接喷到较冷基底上，产生撞击、黏结、凝固而形成沉积物。沉积物通过后续的致密化加工得到性能优异的材料。

喷射成形的原理如图 5-1 所示。

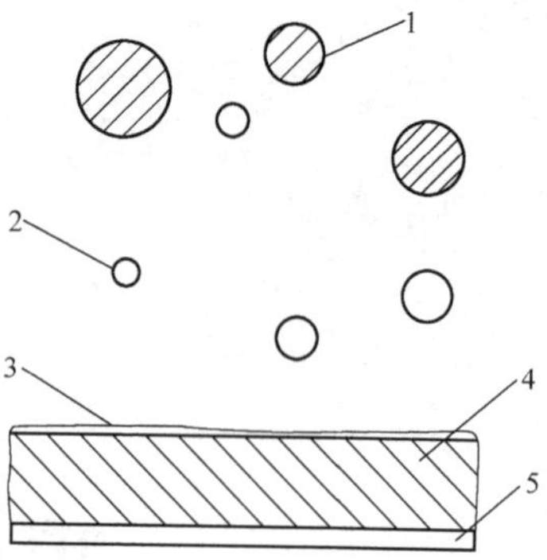

喷射成形过程的热传导主要是依靠雾化液滴和惰性气体的对流和辐射进行热交换，以及沉积坯通过基底传导和表面气体的对流、辐射进行热交换来实现的。

1. 金属颗粒的沉积状态

根据所选择的工艺参数的不同，经雾化喷射后的颗粒与基底碰撞时，一般有以下几种状态：

1）绝大部分颗粒在与基底碰撞前已凝固，在这种情况下，只能获得疏松的粉末堆聚体。

图 5-1 喷射成形的原理
1—液滴 2—固体颗粒 3—薄液层 4—沉积物 5—基体

2）绝大部分颗粒在与基底碰撞前仍保持液相，在这种情况下，金属在沉积后的凝固行为类似铸造。

3）金属颗粒在与基底碰撞时，部分颗粒呈现液态（占 30%~50%），部分颗粒呈现固态和半固态，碰撞后有可能在基底上形成液体薄层，再与下层颗粒流结合成致密的沉积层。

4）金属颗粒在与基底碰撞时，大部分颗粒呈现液态（占 50%~70%），由于基底冷却速度快，过冷熔体在基体上迅速冷却而获得具有快速凝固组织特征的沉积层。这种沉积方式的基体在下一层颗粒碰撞前一般不形成液体薄层，消除孔隙和溅射边界主要是靠上层较多量的液相。

喷射成形实际上是一个统计过程，金属颗粒的尺寸分布以及热交换行为受很多因素的影响，沉积物的凝固状态非常复杂。以上分析的前两种状态是不希望发生的，理想的情况是后两种状态。对于状态 3），由于喷射速度较快，在下一排金属颗粒到达之前，已达到沉积层表面的溅射物尚未完全凝固。这样在沉积层表面形成液体薄层，其厚度非常小，为此后的雾化沉积提供了一个坚固的表面，溅射过程将继续下去。液体薄层的厚度应足够小，以防止横向流动，抑制宏观范围内的成分偏析。此外，借助于雾化沉积时的机械作用，还可将部分凝固的沉积层内部的细小枝晶打碎，获得无原始边界的等轴细晶组织。由于颗粒处于半固态，并且有液体薄层的存在，所以沉积层中的孔隙率会非常小。

2. 喷射密度

喷射密度是指单位时间沉积在基体单位面积上的物质量。喷射密度主要取决于单位时间喷射气体和液体金属质量比、喷射高度和基体运动状态。

喷射成形层的结构和性能在很大程度上取决于喷射密度。如果选择低喷射密度，即到达基体表面的熔滴稀少，则先前大多数溅射物在到达该处之前已完全凝固。原来和新覆盖上去的溅射物的冷却速度较高，衬底或先凝固的溅射物能快速地传走热量。由于沉积的随机性，存在无数的空隙和小孔洞，而且不容易由新的溅射滴来充满。因此，沉积物是多孔的，溅射物边界很清楚，当然冷却速度也高。在高的喷射密度下，在前一批溅射物完全凝固之前，也就是在先前溅射物的顶部尚保持一层液态金属薄膜时，下一批溅射物已到达该处。在这种情况下，两个液体表面相遇，新到达的熔滴立即扩散，两个液体混合，因此消除了引起孔隙度的任何空隙，并消除了溅射边界。而且在许多情况下，前一批溅射物中的晶体已经形核，并随着新到达的溅射物继续长大。这样，就可以看到有柱状晶或其他形状的晶体穿过溅射边界而长大。高喷射密度的优点是沉积物孔隙度低，无溅射边界，产量高，喷射成形后续热加工没有内部氧化危险，缺点是沉积物冷却速度较低。如果通过气体和辐射带走热量不充分，并且沉积层的顶部液体层较厚时，就会恶化成为一般铸造状态。

5.1.2 喷射成形工艺的主要特点

喷射成形工艺是由熔融金属直接生产部件的最好方法之一。其经济性主要表现在：

1）工艺比较简单，生产周期短，效率高。与粉末冶金方法相比，省去了粉末储运、运输、压制、烧结等工序，在致密化过程中省去了包套封装、冷热等静压等工序；与铸造冶金方法相比，省去了铸型及铸造坯的一系列后续加工。图 5-2 所示为用铸造、粉末冶金和喷射成形三种方法生产无缝不锈钢管材的工艺流程。图 5-2 表明，采用喷射成形方法可将管材生产工艺从铸造的 17 道和粉末冶金的 12 道减少到 8 道。

2）喷射速度非常快。喷射成形速度取决于生产设备的规模，瑞典 Sandvik 钢厂沉积不锈钢复合钢管，沉积速度为 80~100kg/min，沉积金属成品率为 85%~90%。另外，沉积铝、镁合金的沉积速度也可达到 25kg/min。

3）适用性广。改变水冷基底

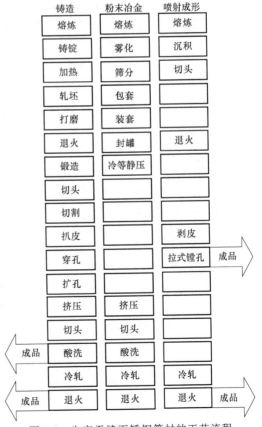

图 5-2 生产无缝不锈钢管材的工艺流程

的形状和机械运动方式等参数，可以生产出不同形状的毛坯，如盘、环、管、板、棒等。

在产品性能方面，由于在喷射成形过程中，金属液流可以通过水冷基体传导和高速气流的对流、辐射等方式来传导热量，因而与铸造工艺相比，喷射成形具有较高的冷却速度（$10 \sim 10^2 K/s$），并且能够获得晶粒细小、无宏观偏析的微晶组织。典型的沉积层晶粒尺寸为 $5 \sim 50 \mu m$。由于喷射金属在凝固时不发生液体流动，喷射成形坯中不会出现铸造条件下因凝固收缩所引起的热缩孔或疏松，故沉积坯的密度较高（理论密度的 93% ~ 99%）。虽然喷射成形坯的冷却速度低于传统雾化（$10^2 \sim 10^3 K/s$）及快冷（$10^4 \sim 10^5 K/s$）粉末的冷却速度，但是该制坯过程是在惰性气氛中瞬间完成的，金属氧化程度低，避免了粉末冶金工艺在制粉、储运、压制、烧结等工序中带来的氧化和其他杂质的脏化，因而其综合性能，特别是塑性等方面高于粉末冶金材料。综上所述，喷射成形工艺能够得到冷却速度较高、晶粒细小、无宏观偏析的预成形坯块，这些预成形坯块经后续加工后，具有优异的性能。表5-1给出了几种制备方法所得材料的氧含量。表5-2给出了制备工艺对铝合金室温力学性能的影响。

表 5-1　几种制备方法所得材料的氧含量

合金(质量分数,%)	试验状态	氧含量(质量分数,%)
7075	高压水雾化	0.4570
	惰性气体雾化	0.2090
	旋转杯方法	0.0066
	喷射成形+挤压	0.0110
7075+Ni+Zr	喷射成形+挤压	0.0100
Al-3.6Cu-3.03Li-0.49Mn	喷射成形+热等静压	0.0080
Al-3.6Cu-3.0Li-0.5Mn	雾化+挤压	0.0510
Al-3.0Li-1.5Cu-1Mg-0.2Zr	铸造	0.0050
	机械合金化+挤压	0.6500
Al-3.2Li-2.1Cu-0.83C	雾化+挤压	0.2 ~ 0.5
7090①	空气雾化	0.3860
Al-3.7Ni-1.5Fe	溅射圆盘	0.1390
	离心雾化	0.0200

① 7090是美国铝合金牌号，即 Al-10.2Zn-3.6Mg-1.8Cu-0.15Ni-0.3Zr。

表 5-2　制备工艺对铝合金室温力学性能的影响

合金(质量分数,%)	工艺状态	下屈服强度 R_{eL}/MPa	抗拉强度 R_m/MPa	断后伸长率 A(%)
2024-T4	IM	287	441	20
	RS-PM	308	520	22
	SD	402	562	15

（续）

合金（质量分数，%）	工艺状态	下屈服强度 R_{eL}/MPa	抗拉强度 R_mr/MPa	断后伸长率 A（%）
7075+1Ni+0.8Zr-T6	IM	570	762	2
	RS-PM	627	682	10
7075+1Fe+0.6Ni-T6	SD	717	751	7
2024+1.6Li-T4	RS-PM	382	486	8
	SD	363	513	16
A390[①]-T6	RS-PM	374	387	1
	SD	506	532	3

注：IM 为铸造法；RS-PM 为快速凝固-粉末冶金法；SD 为喷射成形法。
① A390 为美国高硅过共晶铝合金牌号，其化学成分（质量分数）为：Si16%～18%，Cu4%～5%，Mg0.45%～0.65%，Mn<0.1%，Fe<0.5%，Zn<0.1%，Ti<0.2%，余量为 Al。

　　喷射成形是一种制备金属基复合材料的新方法，它可将较大尺寸范围的颗粒引进到任何基体金属中，并且分布均匀，结合良好。另外，采用此法能够很好地制备层状复合材料，各种金属交替沉积，形成的层状结构在冷热轧时不必担心脱层，并可在致密金属基体上沉积其他金属和合金。喷射成形目前广泛应用于制备金属基颗粒增强材料、摩擦材料、双金属等层状材料中。

5.2　喷射成形工艺及装置

5.2.1　喷雾成形

　　所谓喷雾成形是指金属液体通过惰性气体雾化，沉积在基底上的一种喷射成形工艺。这种工艺是目前应用最普遍的一种喷射成形工艺，并被广泛地用于制备管、棒、板（带）坯等。

　　常见的喷雾成形装置有三种，可以制备管坯、锭坯和板坯，其装置分别如图 5-3～图 5-5 所示。在喷雾成形中惰性气体压力维持在 0.8～2MPa，金属液体的过热度为 50～250℃。雾化喷嘴一般采用扫描喷嘴，它可以在一定范围内摆动。

5.2.2　离心喷射成形

　　离心喷射成形是指熔融金属被离心雾化，半固态雾化液滴沉积在冷的衬底上。离心喷射成形可以在真空或低压惰

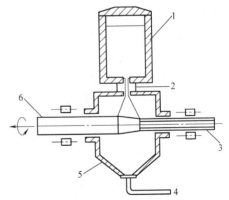

图 5-3　喷雾成形制备管坯的装置
1—感应加热线圈　2—雾化器　3—沉积基体
4—排气口　5—沉积室　6—沉积管坯

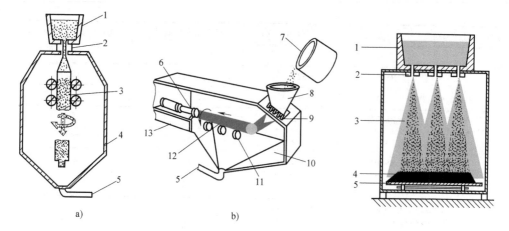

a)　　　　　　　b)

图 5-4　喷雾成形制备锭坯的装置

a) 立式　b) 卧式

1—中间包　2—雾化器　3—圆坯　4—喷射室　5—排气装置

6—平衡轴　7—感应炉　8—双出口漏斗　9—双雾化系统

10—水冷喷射室　11—坯料支撑装置　12—喷射成形坯料　13—收集盘

图 5-5　多喷嘴制备板坯的装置

1—坩埚　2—雾化器　3—雾
化液流　4—沉积坯　5—基体

性气体下进行。其主要优点是：

1) 不仅可生产高性能的细晶粒材料，还具有生产大直径环或管材的能力。

2) 惰性气体消耗量小，这对于易受气氛污染的钛材生产特别有利。

这一工艺具有很大的工业应用潜力，它可在严格的气氛下生产细晶粒、无偏析产品。英国伯明翰大学的 Tacobs 等人采用离心喷射成形制备了 ϕ400mm 的 Ti-48Al-2Mn-2Nb 薄壁管，其装置如图 5-6 所示。钛合金在水冷铜坩埚中熔炼后，液流从石墨喷嘴流入下端高速旋转的水冷铜盘，从而将液流离心粉碎，并沉积在基体上，其工艺条件见表 5-3。

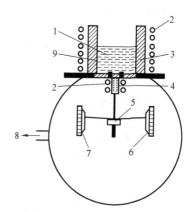

图 5-6　离心喷射成形的装置

1—金属熔体　2—感应线圈　3—冷却装置
4—石墨喷嘴　5—旋转铜盘　6—基体
7—沉积坯　8—真空泵　9—固体渣壳

表 5-3　离心喷射成形的工艺条件

项　　目	条　　件
熔炼容量/cm³	7000
材料	Fe、Ni 和 Ti 基
坩埚功率/kW	350
喷嘴功率/kW	86

(续)

项　目	条　件
浇注速度/(kg/min)	≤15
容器压力/Pa	$(20\sim1.1)\times10^5$
环境气氛	Ar、He、N_2 或真空
坯旋转速度/(r/min)	3500
圆环直径/mm	400
圆环高度/mm	200

5.2.3　喷射轧制

喷射轧制是指将喷雾沉积工艺和轧制工艺结合起来，实现连喷连轧的一种材料制备和成形方法。喷射工艺可连续生产厚度在 1mm 以上的带材，铝合金的最大厚度可达 18mm。喷射轧制的装置如图 5-7 所示。

喷射轧制目前存在两个问题：

1) 难以保证沉积层在带材宽度方向的厚度均匀一致。一般来说，对于大多数待加工材料来说，厚度的误差不得大于 2%。

2) 难以生产出宽带材。

针对上述问题，德国的 Mannes-manm-Demag 采用快速振荡喷射下横向往返扁平收集器的方法生产，喷射振荡

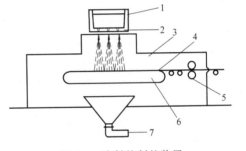

图 5-7　喷射轧制的装置
1—中间包　2—多喷嘴装置　3—雾化室　4—带状预制坯　5—轧辊　6—基体　7—排气装置

能够保证金属在收集器宽度方向上均匀分布，目前已经生产了 1000mm×2000mm×(5~10)mm 的钢带。喷射轧制适用于低喷射密度下，在控制气氛中致密化来制造快速凝固产品。Alcan 公司所做的一些工作表明，喷射轧制 Al-4%~8% Fe 合金已达到快速凝固，可得到优良的高温性能，但冲击性能较差。其原因可能是由于喷射室中坯的内氧化或空气中热轧前的内氧化所致。GKN Vandervell 开发了钢基铝合金带状轴承材料，用于制造汽车工业用的轴瓦，目前已完全工业化。

5.2.4　喷射锻造

喷射锻造是将气体雾化的金属直接喷射进模具中，或在某些情况下直接喷射到扁平的衬底或收集器上，再进行锻造的一种材料制备工艺。如果直接喷入模具中，预成形坯的形状与模具相同；如果喷入扁平收集器，预成形坯的形状则由操纵器的运动所决定。模具通常是铜制水冷的，也可用高温陶瓷作为模具材料。喷射堆积的预成形坯，其密度不低于理论密度的 96%，通常高于 99% 的理论密度。Osprey 金

属有限公司已制备出许多合金钢和高温合金锻件，高温合金的含氧量一般为0.002%～0.004%（质量分数），预成形坯无连通孔隙，可在空气中锻造。预成形坯为细晶胞状结构，具有优良的热加工性。经锻造后，可得到全致密的锻件，锻件比传统的锻件更具各向同性，并具有优良的力学性能。喷射锻造的装置如图5-8所示。

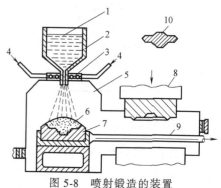

图 5-8　喷射锻造的装置
1—金属液　2—坩埚　3—雾化器　4—高压
气体　5—沉积室　6—坯　7—托架　8—锻模
9—移动杆　10—产品

5.2.5　喷射涂层

在钢带上涂覆低熔点金属（如 Zn 和 Al）的涂层，传统做法是：首先在高温下还原钢带上的氧化皮，随后高温下将无氧化物的钢带浸入熔融的 Zn、Al 或 Zn-Al 合金浴池中，完成钢的浸润后，冷却后的涂层牢固地黏附于钢基板上。这种工艺被拥有很高产量的快速连续生产工厂采用。

传统的浸润涂层的缺点有三个：一是不易作为单面涂层或使每面具有不同涂层厚度；二是它难以制造厚度小于 15μm 或大于 75μm 的涂层；三是钢带与熔融金属长时间的接触能形成脆性合金层，钢带严重的卷曲和折叠均会引起涂层的破坏。

喷射涂层的装置如图5-9所示。钢带和钢管与熔融金属接触仅为几毫秒，不会形成合金层。尽管经过严重的弯曲处理，延性涂层仍保持原封不动。另外，喷射涂层工艺可自由地在钢带一面或两面制作厚的或多重涂层。该工艺唯一的缺点是，难以制备厚度小于 25μm 的涂层。

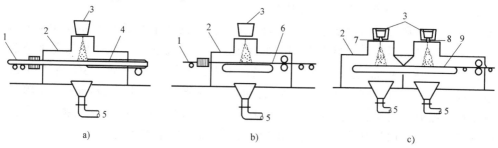

a)　　　　　　　　　　b)　　　　　　　　　　c)

图 5-9　喷射涂层的装置
a）喷涂管　b）喷涂带　c）喷涂多层材料
1—待喷涂材料　2—喷射室　3—坩埚　4—喷涂管　5—排气装置
6—喷涂带　7—喷嘴一　8—喷嘴二　9—喷涂多层材料

5.2.6　同时喷射喷丸

同时喷射喷丸的原理是：在喷射成形金属的同时，通过锥形喷射嘴射出喷丸，正好打在刚沉积的表面上，熔融喷射颗粒可以溅射在衬底或模具的表面上形成坚固的沉积层；在喷射成形的同时，高速运动的硬喷丸也朝沉积物表面推进，在从表面弹回之前，使沉积物顶层产生塑性变形，最后收集在喷射室的底部。管状样品涂层的等离子体喷射喷丸装置如图 5-10 所示。

在工艺操作中，液态金属滴比喷射丸多 2～3 个数量级，喷丸直径是液态金属滴的 10～20 倍。每一个喷丸碰撞在同一地方之前，许多液粒已落在表面上并发生溅射，在沉积物冷却到低于热加工温度以前，一般即已进行了热加工并完全致密化。一般来说，任何厚度的沉积物在整个厚度范围内均可得到充分均匀的加工。由于固结和热加工，沉积物的力学性能大为改善，内应力降低，其力学性能相当于喷射轧制或传统金属热加工产品。

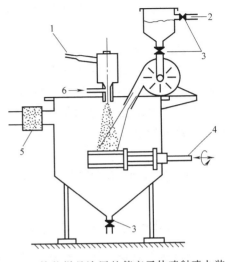

图 5-10　管状样品涂层的等离子体喷射喷丸装置
1—等离子枪　2—惰性气体　3—阀
4—操作器　5—过滤器　6—粉末入口

5.2.7　喷射成形坯的快速成形

快速成形技术（Rapid Prototyping，RP）是使用非传统加工的方法，先由 CAD 软件设计出三维实体模型（Solid Model），再将实体模型转换成为一个 STL 档案，该 STL 档案是由小块多边形（Faceted Polygone）来近似一个平面。接着将此档案传至快速成形系统中，系统依使用者的要求将实体模型分割成很多层，再一层一层堆叠出所要求的形状。快速成形机自从推出后，逐渐受到学术界与产业界的注意，其中最主要的原因是快速成形机具有省时、易于使用及适应多样性产品设计的优点。

喷射成形坯的快速成形技术是将快速成形机械制造技术（RSM）和激光选区烧结技术相结合的一种新技术。它利用 CAD-CAM 技术，按层喷射和激光烧结，最后叠合成三维近形部件。喷射成形坯的快速成形技术在制造铜、青铜、铝和钴的喷射成形坯时，可以达到令人满意的效果。

喷射成形坯的快速成形装置如图 5-11 所示。

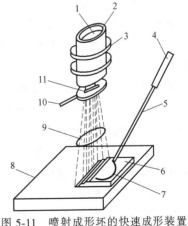

图 5-11　喷射成形坯的快速成形装置
1—金属液　2—坩埚　3—感应线圈
4—激光源　5—扫描激光束　6—沉积坯
7—喷射和激光作用产物　8—基体
9—线性喷射　10—惰性气体　11—椭圆形喷嘴

5.2.8　喷射共沉积

喷射共沉积法是指在喷射成形过程中，把具有一定动量的颗粒增强相喷到雾化液流中，熔融金属和颗粒增强相共同沉积到较冷基底上，从而制备颗粒增强金属基复合材料的一种方法。

在喷射共沉积过程中，增强相的加入方式有三种：第一种为颗粒直接从雾化气体管道中加入；第二种则是颗粒增强相直接加入到金属熔体中；第三种则是颗粒流直接喷入金属熔体的雾化锥中。目前使用最多的方法为最后一种。沉积坯颗粒增强相的含量主要取决于输送颗粒流的速度和密度。有关喷射共沉积的其他内容将在第6章中详细介绍。

5.3　喷射成形雾化装置及过程控制

5.3.1　雾化喷嘴的结构与功能

雾化喷嘴是雾化工艺中最主要部件之一。喷嘴设计要满足如下要求：

1）使雾化介质获得尽可能大的出口速度和所需要的能量。

2）保证雾化介质与金属液流之间形成最合理的喷射角度。

3）使金属液产生最大紊流。

4）工作稳定性好，喷嘴不易堵塞。

5）加工制造简单。

1. 雾化喷嘴分类

雾化喷嘴的分类方式有很多，主要的分类方式有以下几种：

1）按金属液流入喷嘴中心孔的方式，雾化喷嘴可分为非限制式喷嘴和限制式喷嘴。

采用非限制式喷嘴时，金属液从漏包出口到与雾化介质相遇点之间进行无约束的自由降落，所有的水雾化喷嘴和多数气体雾化喷嘴都采用这种形式。采用限制式喷嘴时，金属液通过导管引出喷嘴，在喷嘴出口处即被破碎。这种形式的喷嘴传递气体到金属的能量最大，主要用于 Al、Zn 等低熔点金属雾化，雾化粒度细，但易堵塞喷嘴。非限制式喷嘴和限制式喷嘴的结构如图 5-12 所示。

2）按雾化介质喷出方式，雾化喷嘴可分为环缝喷嘴、环孔喷嘴和 V 形喷嘴。

环缝喷嘴、环孔喷嘴和 V 形喷嘴都是雾化介质的喷射流与金属液流互成角度的喷嘴，如图 5-13 所示。

采用环缝喷嘴时，压缩气体从切向进入喷嘴内腔，然后高速喷出旋涡封闭气锥，金属液流在锥底被击碎。环缝喷嘴主要特点是雾化效果好，粉末粒度细，但金属液体颗粒在真空吸引下易堵塞喷嘴口。

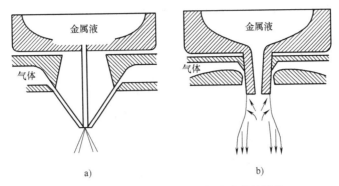

图 5-12　非限制式喷嘴和限制式喷嘴的结构

a）非限制式喷嘴　b）限制式喷嘴

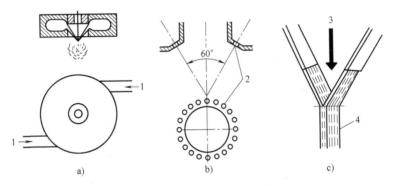

图 5-13　环缝、环孔和 V 形喷嘴的结构

a）环缝喷嘴　b）环孔喷嘴　c）V 形喷嘴

1—空气　2—喷孔　3—金属液流　4—水

　　采用环孔喷嘴时，气体或水以极高速度从若干均匀分布在圆周上的小孔喷出，构成一个未封闭气锥，交汇于锥点，将流经该处的金属液流击碎。

　　V 形喷嘴最大的优点是喷嘴不易堵塞，缺点是金属液流易偏离雾化焦点，为此又研制了两向板状流 V 形喷嘴，如图 5-14 所示。这种喷嘴能雾化可大多数高温合金和合金钢，用水雾化能雾化铁、合金钢和不锈钢粉末，用气雾化可喷制镍基和钴基超合金。近年来 V 形喷嘴用于板的雾化沉积上，为了使能量集中，防止金属液流从 V 形板状流两侧敞开面溅出，又研制了封闭式串联的板状流 V 形喷嘴。如图 5-15 所示，两个板状流组成一个四面锥，称为四向塞式喷射，增加板状流的数目就逐渐变成环形喷射。

　　3）按液流喷射方向，雾化喷嘴可以分为垂直喷射喷嘴和水平喷射喷嘴。

　　大多数喷嘴都是直落式的垂直喷射喷嘴。但在水平喷射铝粉时采用了水平喷射喷嘴，该喷嘴带有耐火材料的内喷嘴，铝液从中流入，被压缩气体雾化，并向水平方向喷射。垂直喷射喷嘴和水平喷射喷嘴的结构如图 5-16 所示。

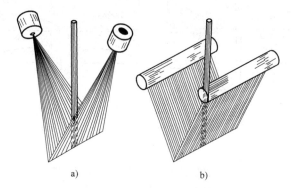

图 5-14　两向板状流 V 形喷嘴的结构

a）两向塞式喷射　b）两向帘式喷射

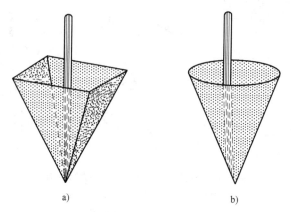

图 5-15　封闭式板状流 V 形喷嘴的结构

a）四向塞式喷射　b）环形喷射

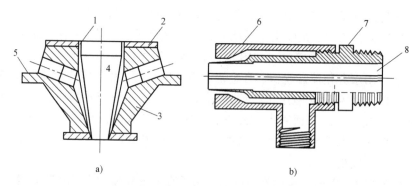

图 5-16　垂直喷射喷嘴和水平喷射喷嘴的结构

a）垂直喷射喷嘴　b）水平喷射喷嘴

1—内喷嘴　2—上盖　3—外喷嘴　4—内腔　5—连接板　6—低碳钢外套　7—低碳钢内套　8—耐火内喷嘴

4）按喷嘴的形状，雾化喷嘴可以分为直线型喷嘴、收缩型喷嘴及拉瓦尔喷嘴。

对于直线型喷嘴，气体进口速度和气体出口速度是相等的，气流速度随进气压力升高而增大；对收缩型喷嘴，进口速度小于出口速度，但在所谓临界断面上的气流速度是以该条件下的声速为限度的；对于拉瓦尔喷嘴是先收缩后扩张，在临界断面气体的速度达到声速，压缩气体经临界断面后继续在大气中做绝热膨胀，气流出口速度可以超过声速。超声雾化喷嘴是拉瓦尔喷嘴和哈特曼冲击波产生器组合在一起的喷嘴，通过拉瓦尔喷管产生 2~5 马赫的气流速度并产生 80~100kHz 超声波气流。图 5-17 所示为超声雾化喷嘴。

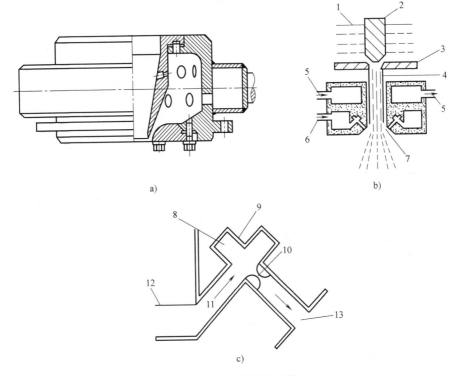

图 5-17　超声雾化喷嘴

a）拉瓦尔喷嘴的环缝空气雾化器　b）超声雾化喷嘴的结构　c）超声雾化喷嘴的共振腔、有效喉颈和出口面积

1—金属液　2—柱塞杆　3—坩埚　4—陶瓷套管　5—冷却水　6—雾化气体　7—气体喷嘴　8—共振腔
9—哈特曼冲击波发生器　10—拉瓦尔喷嘴　11—气流　12—入口　13—出口

5）带辅助风孔的环缝喷嘴是一种特殊用途喷嘴。带辅助风孔的环缝喷嘴的结构原理是：在雾化金属液体时在出口处造成负压区，形成的旋涡气流使金属液滴反溅到喷口或喷嘴中心通道壁，使得喷口堵塞，破坏雾化的进行，如图 5-18 所示。一般减少和防止堵塞现象所采用的方法有：

① 减少喷射顶角或气流与金属液间交角。减少顶角实际上使雾化焦点下移，降低了液滴溅射到喷口的可能性。日本学者渡边的研究表明，雾化压力为

101.325kPa，对于环孔喷嘴60°是适宜的，对于环缝喷嘴可降到20°，但喷射角太小会降低雾化效率，一般采用45°。在喷射成形中，喷嘴堵塞是一件非常麻烦的事情，所以一般采用小角度喷嘴，顶角为20°~25°。

② 增加辅助风孔形成二次风。一般采用4个或8个辅助风孔来形成二次风，可维持喷口附近气压平衡，从而尽可能不使金属液滴返回风口，如图5-19所示。

③ 增加喷口与液流轴间距离，适当增加环缝喷嘴的宽度。

④ 改变金属液流的导流管伸长方式。

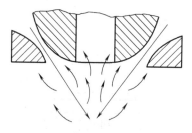 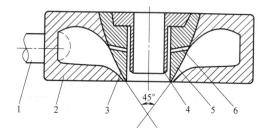

图5-18　环缝喷嘴的喷口旋涡流

图5-19　带辅助风孔的环缝喷嘴结构
1—进风管　2—喷嘴体　3—内环　4—导向套
5—二次风环　6—辅助风孔

2. 雾化喷嘴结构对雾化工艺的影响

（1）喷射顶角对雾化效果的影响　雾化过程中喷嘴顶角对金属液的雾化效果影响较大，适当的喷射顶角能充分利用气流对金属液的冲击动能，从而获得较细的粉末。See等人采用氮气雾化，研究了喷射顶角对粉末粒度的影响。如图5-20所示，雾化顶角越小，粉末粒度越细。

（2）导液管在喷嘴中插入方式对喷口堵塞影响　导液管插入喷嘴有四种方式，如图5-21a所示。其中，插入方式1为不伸出方式，而方式2、3、4为伸出方式，导液角的倒角（内喷射角）分别为90°、45°和63°。不同的插入方式将导致导液管管口产生不同的压力，如图5-21b所示。试验表明，方式1和3不易堵塞喷嘴，方式2和4容易堵塞喷嘴。理论研究表明，若插入方式使得导液管口压力大于远离导液管口压力后，产生虹吸效应使金属液流速度加快，防止了堵塞喷嘴。当内喷射角大于50°后，则不产生虹吸效应，喷嘴易堵塞。

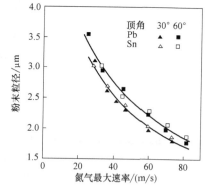

图5-20　雾化顶角对雾化效果的影响

5.3.2　喷射成形过程控制

喷射成形是一个复杂的物理过程，其影响因素很多，主要包括两个方面：

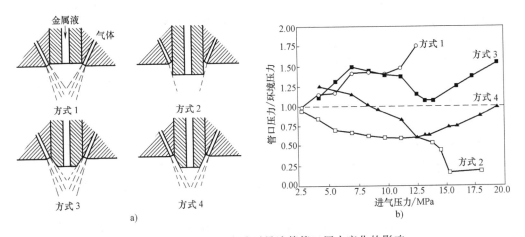

图 5-21　导液管插入方式对导液管管口压力变化的影响

a）四种导液管的插入方式和内喷射角　b）四种插入方式引起液管管口压力变化

1）安装参数，包括液流管直径、雾化气体类型、雾化器的种类及基底的几何形状和结构。

2）在线参数，包括金属熔体的过热度、金属液流量、雾化气体压力、喷射高度和基底的运动方式等。

Osprey 法喷射成形过程如图 5-22 所示。在高速惰性气体的作用下，将熔融金属或合金雾化成弥散的固液两相颗粒，射向基体，沉积为坯。

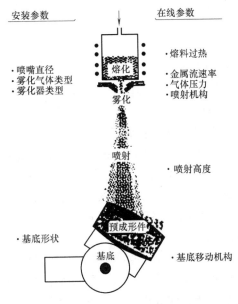

图 5-22　Osprey 法喷射成形过程

喷射成形过程大致可以分为五个阶段：金属液释放阶段、气体雾化阶段、喷射阶段、沉积阶段及沉积体凝固阶段。在图 5-23 所示的工艺流程图中，列出了各个阶段的独立工艺参数。

沉积坯的形状、组织和性能关键取决于两个状态：

1）即将沉积的喷射颗粒状态，可用颗粒中的固相含量进行表征。

2）沉积体表面状态，可用沉积体形状和顶层液相含量来进行表征。

当颗粒的固相含量过高时，大部分颗粒已完全凝固，此时只能得到松散的粉末，而不能形成致密的沉积体。相反，当颗粒的固相含量过低时，材料则会得到铸态组织，从而失去喷射成形的优势。因此，最理想的状态是金属雾化颗粒应处于半固态，其液相含量必须足以填充

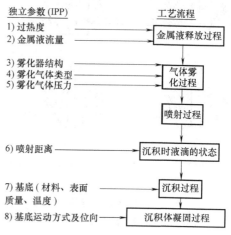

图 5-23　喷射成形过程的工艺流程

已凝固颗粒之间的孔隙，同时又保证溅射颗粒黏结在沉积体表面，获得最大的成品率。

5.4　喷射成形材料

5.4.1　喷射成形铝合金

采用喷射成形方法可以制备出各个系列的高性能铝合金材料，本节重点介绍喷射成形 Al-Cu 合金、Al-Si 合金、Al-Zn-Mg-Cu 合金和 Al-Li 合金。

1. 喷射成形 Al-Cu 合金

高强铝合金以其优异的综合性能在商用飞机上的使用量已经达到其结构重量的80%以上，因此得到国内外航空工业界的普遍重视。采用喷射成形技术可以避免普通铸造合金中粗大晶粒的出现，同时对冶金质量（Fe、Si 含量）的要求大幅度放宽。与粉末冶金工艺相比，喷射成形技术解决了材料氧化严重及难于成形的问题，因此可以进一步降低成本并提高材料性能。不同方法制备的 2024 铝合金挤压后热处理（T4）的力学性能比较见表 5-4。

2000 系合金属 Al-Cu-Mg 系，为可热处理强化的加工铝合金，铜与镁是主要的合金元素，还含有少量的锰、铬、锆等元素。采用喷射成形技术可以显著提高该系列合金的力学性能，这是由于在快速凝固条件下，合金中的杂质元素将以细小均匀的金属间化合物相的形式弥散分布于 α-Al 基体中。例如，在喷射成形 2024 铝合金

表 5-4　不同方法制备的 2024 铝合金挤压后热处理（T4）的力学性能比较

方法	规定塑性延伸强度 $R_{p0.2}$/MPa	下屈服强度 R_{eL}/MPa	断后伸长率 A(%)	断面收缩率 Z(%)	断裂韧度 K_{IC}/MPa·m$^{1/2}$
SD	417	586	16	23	31
	402	562	15	22	31
SQ	351	501	24	24	
IM	310	441	20		
	329	469	19		31

注：SD 为喷射成形；SQ 为平流铸造；IM 为铸造。

中，可以形成 Al_3Fe、Al_6Mn、Al_7Cr 和 AlSiFe 等化合物。这些析出相本身具有较高的强度，在材料变形过程中通过阻碍位错运动而增加材料的变形抗力，从而提高材料的强度。另外，含氧量的降低也是其中一个重要因素。利用喷射成形的快速凝固特点，可以在合金中加入铁、镍、铈、锆、铬、钴、锰、钒和钛等，这些合金元素可以细化晶粒，提高疲劳性能。几种喷射成形 2000 系铝合金的力学性能比较见表 5-5。

表 5-5　几种喷射成形 2000 系铝合金的力学性能比较

合金	热处理制度	拉伸方向	规定塑性延伸强度 $R_{p0.2}$/MPa	下屈服强度 R_{eL}/MPa	断后伸长率 A(%)	断裂韧度 K_{IC}/MPa·m$^{1/2}$
2024	T6	L	490	560	—	—
		T	490	550	—	25
2014	T6	L	429	476	7.5	24
2618	T6	L	345	400	7.0	—
	T651		418	445	7.2	23
2024	T85	L	520	570		
	T85	T	520	560		23

注：L 代表纵向；T 代表横向。

2. 喷射成形 Al-Si 合金

Al-Si 系中的高硅铝合金在保持较高强度的同时，具有良好的耐磨性、耐热性以及低的膨胀系数，是汽车工业常用的结构材料。但普通铸造法生产的 Al-Si 合金中硅含量较高时难以避免会产生粗大的初晶硅相，恶化合金的加工和使用性能。粉末冶金技术虽然可以有效地细化初生硅相，获得较高的力学性能，但复杂的工艺过程使材料成本过高；另外，粉末制备过程中严重的氧化污染和原始粉末颗粒界面问题，降低了合金原本不高的韧性，限制了合金性能的进一步发挥。

喷射成形快速凝固技术的发展推动了高硅铝合金的研究，显著改善了初晶硅相的形态与分布，降低了含氧量，提高了合金的性能。对喷射成形 Al-20Si-X（过渡族元素）的组织和性能的研究表明，喷射成形材料的冷却速度为 $10^3 \sim 10^4$ K/s，含氧量是粉末冶金材料的 1/7~1/3，孔隙率小于 1.3%，材料组织明显细化，析出相弥散分布，成分均匀。不同方法制备的 Al-Si 合金的力学性能比较见表 5-6。

表 5-6　不同方法制备的 Al-Si 合金的力学性能比较

合金(质量分数,%)	状态	下屈服强度 R_{eL}/MPa	抗拉强度 R_{m}/MPa	断后伸长率 A(%)
Al-20Si(RS-P/M)	挤压	112	206	10.0
Al-20Si(PSD)	喷射态	—	250	0.5
Al-20Si-5Fe(SD)	挤压	280	—	1.6
Al-20Si-3Cu-1Mg(RS-P/M)	挤压	262	360	3.9
	挤压+T6	321	430	3.7
Al-20Si-3Cu-1Mg-5Fe(RS-P/M)	挤压	—	510	—
390Al(IM,Acurad)	铸态	200	200	<1.0
	铸态+T6	365	365	<1.0
A390Al(IM,永久模)	铸态	200	200	<1.0
	铸态+T6	310	310	<1.0
A390Al(IM)	挤压+T6	374	387	1.3
A390Al(SD)	喷射态	218	276	0.9
	挤压	233	328	7.2
	挤压+T6	506	532	3.0

注：IM 为铸造；RS-P/M 为快速凝固粉末冶金；SD 为喷射成形；PSD 为等离子喷射成形。

3. 喷射成形 Al-Zn-Mg-Cu 合金

7000 系超高强铝合金是喷射成形铝合金的一个研究热点。传统的 7000 系合金主要是 Al-Zn-Mg-Cu 合金，强化相为 $MgZn_2$（η 相）与 $Al_2Mg_3Zn_3$（T 相）。向 7075 合金中添加 Ni、Zr 合金元素，采用喷射成形工艺可形成细小弥散分布的 Al_3Ni 和 Al_3Zr 相。由于 Zr 的扩散系数较小，形成的 Al_3Zr 相能够有效地钉扎晶界和亚晶界，起到了阻碍再结晶和控制晶粒尺寸的作用，而且在后续热处理过程中晶粒无明显长大。分析结果表明，热处理后的晶粒大小仅为几个微米。Lavernia 等人对加入 1%（质量分数）Ni 和 0.8%（质量分数）Zr 的 7075 超高强度铝合金进行喷射成形，使该合金获得了优异的室温拉伸性能。不同方法制备的 7000 系铝合金的力学性能比较如表 5-7 所示。

表 5-7　不同方法制备的 7000 系铝合金的力学性能比较

合金(质量分数,%)	热处理制度	拉伸方向	规定塑性延伸强度 $R_{p0.2}$/MPa	下屈服强度 R_{eL}/MPa	断后伸长率 A(%)	断裂韧度 K_{IC}/MPa·m$^{1/2}$
7075+1.0Ni+0.8Zr(SD+Ext.)	T6	L	717	751	7	—
7075+1.0Ni+0.8Zr(SD+E+Ext.)	T4+T6	L	817	9	—	
7075+1.0Ni+0.8Zr(RS-P/M+Ext.)	T6	L	672	682	10	—
7075+1.0Ni+0.8Zr(IM+Ext.)	T6	L	750	762	2	—
7075(IM)	T6	L	583	600	9	—

（续）

合金（质量分数,%）	热处理制度	拉伸方向	规定塑性延伸强度 $R_{p0.2}$/MPa	下屈服强度 R_{eL}/MPa	断后伸长率 A(%)	断裂韧度 K_{IC}/MPa·m$^{1/2}$
Eura1（低 SD+Ext.）	T6	L	790	810	4.9	—
Eura1（高 SD+Ext.）	T6	L	762	798	2.2	—
	T7X	L	713	728	5.4	—
Eura2（SD+Ext.）	T6	L	807	819	7.1	—
Eura1（RS-P/M+Ext.）	T6	L	716	735	1.9	—
Eura1（RS-P/M+Ext.）	T7X	L	660	691	6.7	—
N707（SD）	T6	L	760	775	8.0	—
	T7	L	690	695	8.0	—
Al-11Zn-2Mg-1Cu-0.3Zr（SD+Ext.）	T6	L	705	719	29.0	—
	T6	L-T	620	634	8.2	38.2
	T6	T-L	—	—	—	17.3
	T7	L	503	536	17.9	—
	T7	L-T	482	521	11.5	75.5(J_{IC})
	T7	T-L	—	—	—	37.8

注：IM 为铸造；RS-P/M 为快速凝固粉末冶金；SD 为喷射成形；Ext. 为挤压。Eura1 是含锌量为 10% ~ 13%（质量分数）的 7000 系合金；Eura2 在 Eura1 合金中添加了 Cr 和 Mn；N707 合金（质量分数）为 Al-10.8% ~ 11.4%Zn-2.2% ~ 2.5%Mg-1.0% ~ 1.2%Cu-0.25% ~ 0.32%Zr，<0.2%Si、Fe。L 代表纵向；T 代表横向。

4. 喷射成形 Al-Li 合金

Al-Li 合金具有密度小、弹性模量高等特点，是一种具有发展潜力的航空、航天用结构材料。其性能优点主要是由合金中的锂含量决定的。但采用铸造成形时，锂含量被严格限制在 2.7%（质量分数）以内，含量超过此值时，铸锭中会产生明显的宏观偏析，同时析出粗大的金属间化合物相，降低合金的性能。为保证足够高的强度和塑性，需在合金中加入较多的铜，铜的加入不利于合金密度的降低。因此，铸造成形在一定程度上限制了 Al-Li 合金性能潜力的充分发挥，而喷射成形快速凝固技术为 Al-Li 合金的发展开辟了一条新的途径。大量研究表明，喷射成形 Al-Li 合金与铸造成形 Al-Li 合金相比，晶粒和第二相的细化以及合金偏析程度的降低，可显著提高合金中的锂含量，在保证性能的前提下，进一步降低了材料密度。另外，与粉末冶金相比，合金中的含氧量显著降低，使材料的力学性能、化学性能及稳定性等方面得到明显改善。不同方法制备的 Al-Li 合金经挤压和热处理后的力学性能比较见表 5-8。

表 5-8　不同方法制备的 Al-Li 合金经挤压和热处理后的力学性能比较

合金(质量分数,%)	制备方法	规定塑性延伸强度 $R_{p0.2}$/MPa	下屈服强度 R_{eL}/MPa	断后伸长率 A(%)
2024-1.0Li(T4)	RS-TR	388	524	21
2024-3.0Li(T6)		571	583	5
2024-1.6Li(T4)	RS-P/M	382	486	8
	SD	362	513	16
X2020(T6)	IM	531	570	3
X2020(T6)①	RS-P/M	622	649	5
X2020(T7)②		623	650	5
X2020(T6)②	SD	623	650	5
X2020(T7)③		648	666	7
8090(T6)	IM	480	520	5
	SD	501	541	5
Weldalite™049(T6)	IM	500	540	16
	SD	638	665	12

注: RS-TR 为双辊快速凝固; RS-P/M 为快速凝固粉末冶金方法; SD 为喷射成形; IM 为铸造。
① 含 1.55%Li, 挤压比为 30∶1。
② 含 1.74%Li, 挤压比为 28∶1。
③ 含 1.74%Li, 挤压比为 14∶1。

5.4.2　喷射成形镁合金

　　镁合金具有密度小、比强度和比刚度高、耐冲击等一系列优点,在汽车、电子电器、航空、航天等领域具有广阔的应用前景。但镁合金的加工成形性能及耐蚀性较差,大大限制了镁合金的发展。目前,我国在高性能镁合金的管、棒、板、型材及一些结构件的研究方面还比较弱,而传统的铸造方法又难以满足材料的性能要求。因此,研究新型的制备和加工技术是发展高性能镁合金型材及结构件的必然之路。

　　喷射成形是制备高性能镁合金材料的理想方法。与铸造相比,喷射成形可使材料晶粒组织细化、合金成分和组织均匀、容易产生亚稳相、材料的力学性能及耐蚀性提高等。与粉末冶金相比,喷射成形在很大程度上避免了工艺污染物,如氧、所生成的氧化物弥散相、氢等,因此断裂韧度有较大改善,同时其他力学性能（强度、塑性）和电化学性能也有相当大的提高。表 5-9 给出了喷射成形与铸造镁合金的力学性能比较。

表 5-9 喷射成形与铸造镁合金的力学性能比较

合金(质量分数,%)	制备方法	规定塑性延伸强度 $R_{p0.2}$/MPa	下屈服强度 R_{eL}/MPa	断后伸长率 A(%)
Mg-5.6Zn-0.3Zr	喷射成形+挤压①	214	309	26
	喷射成形+挤压①②	274	317	15
	喷射成形+挤压①③	303	354	14
Mg-8.4Zn-0.2Zr	喷射成形+挤压①	228	316	17
	喷射成形+挤压①④	253	351	18
	喷射成形+挤压①⑤	252	379	13
	喷射成形+热等静压⑥	131	243	11
Mg-5.6Zn-0.3Zr	铸造+热轧②	285	285	5
	铸造+热轧③	321	359	5
Mg-8.4Zn-0.2Zr	铸造+热轧④	238	257	3
	铸造+热轧⑤	233	312	5

① 挤压比为 16:1,温度为 280℃。
② 500℃×1h 固溶处理,130℃×48h 时效。
③ 130℃×48h 时效。
④ 205℃×20h 时效。
⑤ 415℃×5h 时效,205℃×20h 时效。
⑥ 热等静压温度为 310℃。

5.4.3 喷射成形铜合金

喷射成形铜合金的化学成分均匀,组织细化,其工业应用的产品有焊接用的电极头和能取代铍青铜的高弹性元件。德国 Wieland 工厂 1991 年进入这一领域从事开发。在汽车工业中大量使用点焊机的焊接电极头,要求有好的导电性、高的硬度和足够的高温强度,以保证较长的使用寿命,降低维护费用。瑞士的 Swiss Metal 公司也建立了一套喷射铜合金装置,该装置能够生产 $\phi300mm×2200mm$ 锭坯,主要是研究代替 Cu-Be 合金的 Cu-15Ni-8Sn 合金。

1. Cu-Cr-Zr 系合金

汽车工业中钢板焊接通常采用点焊方法,点焊电极材料为 CuCrZr、CuZr 或 CuCoBe 合金,不仅要求具有高的硬度和合适的高温强度性能,而且要有良好的导电性。喷射成形 CuCrZr 系合金,可以得到均匀细化的显微组织,改善电极的性能,比通常连续铸锭的铜合金电极寿命增加一倍。此外,使用 CuCrZr+Al₂O₃ 复合材料,解决了汽车工业中大量使用的镀锌板焊接电极头表面局部合金化,对提高使用寿命、减少损伤有所帮助。表 5-10 给出了采用几种方法制备的 Cu-Zr 合金的力学性能和电导率。

表 5-10　采用几种方法制备的 Cu-Zr 合金的力学性能和电导率

合金(质量分数,%)	制备方法	规定塑性延伸强度 $R_{p0.2}$/MPa	下屈服强度 R_{eL}/MPa	断后伸长率 A(%)	电导率(%IACS)
Cu-0.1Zr	SD+TMP	441	462	6	88
Cu-0.2Zr		476	504	8	78
Cu-0.4Zr		525	552	7	82
Cu-0.8Zr		551	538	3	75
Cu-0.5Zr	粉末+挤压+TMP	406	460	11	91
Cu-0.8Zr		390	400	17	88
Cu-0.1Zr	铸造+TMP	390	450	12	85

注：SD 为喷射成形；TMP 为热机法。

2. Cu-15Ni-8Sn 合金

在各种铜合金中，Cu-15Ni-8Sn 具有重要应用价值，这是因为它拥有高的强度和相当良好的电导性。这种合金可替代 Cu-Be 合金用以制造连接器、弹簧等。另外，因它在中温下具有较好的稳定性，可用于汽车工业。但是 Cu-15Ni-8Sn 在熔铸凝固时，溶质原子严重偏析，一般只能采用粉末冶金工艺来生产简单的板材和带材。采用 Osprey 工艺使得 Cu-15Ni-8Sn 合金重新受到人们注意，Swiss Metal 公司出于成本和能够制备颗粒增强金属基复合材料的考虑，选择喷射成形工艺路线，取代了常规粉末冶金工艺。以 Cu-15Ni-8Sn 取代了价格昂贵的铍青铜 Cu-2Be-Pb，并通过适当调整添加成分，解决了合金的机加工问题，使之与自动化车床的高机械加工效率相适应。

5.4.4　喷射成形铁基合金

1. 喷射成形工具钢

喷射成形制备工具钢的优势有两个：

1）不仅能克服材料的氧化，而且能减少生产工序，提高生产率，并改善材料性能。Itami 等人对几种方法制备的高速工具钢（HSS）中的碳化物颗粒进行了对比研究，发现铸造、粉末冶金和喷射成形三种方法获得的材料中碳化物尺寸分别为 $10 \sim 20\mu m$、$<2\mu m$ 和 $<6\mu m$，并且采用喷射成形时碳化物颗粒呈球形，分布均匀。

2）能有效抑制二次碳化物的长大和硬度降低，使工具钢的耐磨性比传统方法生产的材料有大幅提高。Yoshio 等人在研究喷射成形高碳高速工具钢轧辊材料时发现：同等工作条件下喷射成形材料的磨损量只有普通铸造轧辊的 $1/6 \sim 1/2$，在线材轧机中使用的 Osprey 轧辊寿命超过普通轧辊寿命 $2 \sim 3$ 倍。

对于覆层热轧/冷轧辊的开发，可在钢的芯轴上雾化沉积 W6Mo5Cr4V4 高速工具钢。通过对覆层不同部位进行显微组织检验可以发现，各类碳化物细小弥散、均匀分布，与粉末冶金 M4 高速工具钢碳化物分布情况相当。普通自由锻可使疏松闭合，产品不产生裂纹，小型试验结果良好。工业试生产的产品已经通过了商业评价，可充分发挥 5t 级装置的生产潜力。此外，用这种方法还可以修复磨损的轧辊，使之能继续使用。喷射成形轧辊装置及产品如图 5-24 所示。

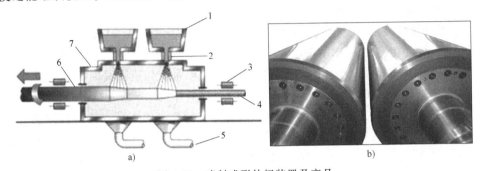

图 5-24　喷射成形轧辊装置及产品
a）喷射成形轧辊装置　b）机加工后轧辊
1—熔炼炉　2—雾化装置　3—固定轴承　4—基体　5—排风口　6—沉积坯　7—喷射室

2. 喷射成形不锈钢

不锈钢是喷射成形技术取得令人瞩目成就的材料领域之一。喷射成形工艺对材料组织的改善和力学性能的提高，为制备高性能、特种用途的不锈钢产品创造了条件。不同方法制备的不锈钢的力学性能见表 5-11。

表 5-11　不同方法制备的不锈钢的力学性能

材料及状态		规定塑性延伸强度 $R_{p0.2}$/MPa	下屈服强度 R_{eL}/MPa	断后伸长率 A(%)	断面收缩率 Z(%)
12Cr13	喷射锻造（各向同性）	608	745	19	57
	传统锻造（纵向）	590	39	23	61
	传统锻造（横向）	614	757	7	17
316L	喷射成形变形合金	545	661	40	—
	传统变形合金	519	664	40	—
	喷射成形+50%HR（1000℃）	580	770	46	68
	喷射成形+50%HR（1000℃）+80%CR（25℃）	1290	1450	6	45
	喷射成形+90%CR（25℃）	1290	1380	3	55
102Cr17Mo	喷射成形+50%HR（760℃）	622	800	18	—
	铸造+1040℃ 1h/AC+760℃ 1h/AC	771	885	11	—

注：316L 为美国不锈钢牌号，相当于我国的 022Cr17Ni12Mo2。AC 表示空冷；HR 表示热轧；CR 表示冷轧。

Sandvik 公司拥有 1t 级喷射成形设备，能够制造外径为 400mm，厚度为 25～50mm，长度为 8m 的不锈钢管。该公司的 Yaman 等人对喷射成形和普通铸造成形的 18Cr-8Ni 不锈钢进行了对比研究，发现喷射成形 18Cr-8Ni 不锈钢具有更高的临界点蚀温度，并且其力学性能和耐蚀性都与淬火、退火态的普通铸造 18Cr-8Ni 不锈钢相当。MIT 的 Ibrahim 等人研究了喷射成形 316L 不锈钢的组织和性能，发现沉积材料的晶粒尺寸为 $10\sim40\mu m$，95%的组织为奥氏体。经轧制和退火后，可获得极细的晶粒组织（$0.1\mu m$）、极高的下屈服强度（达 1300MPa）和抗拉强度（1600MPa）。

3. 喷射成形高温合金和磁性材料

采用喷射成形工艺已经制备出了 IN718、René95、AF115、AF2-10A、René80、IN100、IN901、IN625、MERL76、Nimonic115、MAR-M002 等高温合金材料，所制备的材料呈细等轴晶组织，具有较高的抗拉强度和屈服强度；同时材料的含氧量低，材料在 $800\sim1000℃$ 的拉伸塑性比粉末冶金合金有大幅度改善。

在过去几十年里，Fe-Nd-B 合金由于具有独特的磁性能而在磁性材料领域有着广泛的应用。采用喷射成形技术制备了成分为 Fe57Co20Nd15B8 的大块永久磁性材料，其固有矫顽力（3.5kOe，$1Oe=79.5775A/m$）可与铸造块或固结粉末热处理前时（1kOe）相媲美。喷射成形 Fe-Co-Nd-B 合金热处理后呈现良好的各向同性永久磁性能：固有矫顽力为 8.8kOe，整体矫顽力为 4.3kOe，剩磁 Br 为 5.5kG（$1G=10^{-4}T$），最大磁能积 $(BH)max$ 为 $6MG\cdot Oe$。

5.4.5 喷射成形贵金属

喷射成形技术已经应用到贵金属材料及其复合材料的制备和生产中，可以制备出块、片、丝、膜等不同形状的各种产品。

喷射成形 $AgSnO_2$、Pt-Ir、Pb-Ag、Au-Cr 合金是常用的电接触材料。采用喷射成形技术能有效消除电接触材料成分的宏观偏析，抑制微观偏析的生成，细化晶粒，从而改善和提高贵金属电接触材料的综合性能，如加工性、氧含量、抗电蚀性等，减少加工工序，降低成本。

喷射成形 Ag-Cu28、Au-Sn20 共晶合金是某些贵金属常用的焊料。采用喷射成形技术可以实现固溶扩展，及形成均匀细化的微观组织，从而改善和提高材料的可加工性。

喷射成形技术还可以为贵金属与金属基复合材料的制备提供一种可能的途径（如 Pt-Rh、Pt-Pd-Rh-RE 与金属基复合催化材料）。此外，利用低密度喷射成形，可完成离散表面涂层的生产（如铼管涂铱航空航天火箭喷管复合材料）。

第 6 章

喷射共沉积技术

喷射共沉积工艺是指当熔融金属流出坩埚时，将增强相颗粒加入液流中，然后用高速惰性气体将带有颗粒的金属液流分散成细小的液滴使其雾化，颗粒及雾化流喷射到基底上共同沉积成金属基复合材料。金属基复合材料以其优良的强度、刚度、抗蠕变性、耐磨性、可控膨胀性及低密度等综合性能而受到世界工业发达国家的极大重视，并得到了迅速发展，其应用遍布汽车、电子、高速列车、兵器、运动器材、航天、航空等领域。喷射共沉积技术是制备金属基复合材料（Metal Matrix Composites，MMCs）的理想方法，在很大程度上避免了传统制备方法中存在的有害界面反应、高夹杂物及氧含量、工艺复杂、成本偏高等问题。该工艺具有很多优点，如冷却速度高，沉积速度大，基体合金与增强颗粒之间无有害界面反应，增强相分布均匀，适于制备大件等。

6.1 喷射共沉积技术的基本原理

喷射共沉积工艺的基本原理是：在喷射沉积过程中，把具有一定动量的颗粒增强相强制喷入雾化液流中，使熔融金属和颗粒增强相共同沉积到运动基体上，制备近成形颗粒增强金属基复合材料沉积坯。

喷射共沉积工艺的基本原理如图 6-1 所示。

最早开展喷射共沉积工艺研究的是英国学者 Singer 教授，最早实现喷射共沉积复合材料商业化生产的是英国的 Cospray 公司。随着喷射共沉积制备颗粒增强复合材

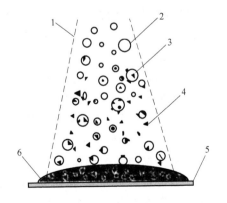

图 6-1　喷射共沉积工艺的基本原理

1—雾化锥　2—雾化液　3—颗粒注入　4—增强颗粒　5—基体　6—金属基复合材料沉积坯

料技术的发展，人们对喷射共沉积的原理与规律也进行了深入的理论研究，尤其对增强颗粒与金属液滴之间的相互作用，包括颗粒插入和捕获机制、传热现象及凝固过程等进行了研究。

喷射共沉积过程中最根本性的问题有两个：

1）传热凝固。

2）增强相的捕获。喷射共沉积颗粒增强复合材料的制备中，增强相的捕获首先应考虑颗粒如何进入液态金属，即被液相捕获的问题，然后才是凝固前沿对颗粒的捕获问题。

通过对其过程规律的理论研究与数值分析，能够深化对喷射共沉积过程原理的认识，从而指导工艺的优化。

6.2　喷射共沉积技术的理论基础

6.2.1　颗粒插入的动力学过程

喷射共沉积过程中存在两种基本颗粒：一种是增强颗粒，另一种是金属液的雾化颗粒。喷射共沉积的过程也是这两种颗粒之间的相互作用的过程。在雾化锥中增强颗粒与雾化颗粒不断发生碰撞，根据雾化颗粒的状态，这种碰撞一般有三种作用方式：

1）在全液态条件下，颗粒插入液滴的动力是其相对飞行动能，而阻力为表面能的变化，进入液滴后需克服黏滞力继续飞行。

2）在半固态条件下，表面液态部位与颗粒的作用情形参照方式1）分析，但需考虑部分固相的存在对颗粒插入的影响，在确定温度时需考虑相变的因素。

3）在全固态条件下，颗粒的穿透必然产生基体粒子的塑性变形，通过动压力的计算求其塑性变形深度，从而确定增强颗粒被捕获的判据。

在三种作用方式中，当增强颗粒的插入深度大于其直径时，即认为增强粒子能被雾化颗粒捕获。

在喷射共沉积工艺中增强颗粒插入雾化液滴的作用机理有三种：

1）增强颗粒在沉积表面插入液滴。

2）液滴碰撞过程中增强颗粒被机械作用力捕获。

3）增强颗粒在喷射过程中插入液滴。

当喷射的增强颗粒没有足够的动能插入液滴时，颗粒黏附在液滴表面。但是如果在液滴碰撞过程中有足够的能量，那么液滴表面的增强颗粒最终会完全嵌入金属基体中，如图6-2a所示。颗粒可能位于先前液滴的边界处，然后在后沉积液滴与已沉积表面的相互碰撞中被机械作用力捕获，如图6-2b所示。当增强颗粒的动能足够大时，颗粒在喷射过程中插入雾化液滴，如图6-2c所示。

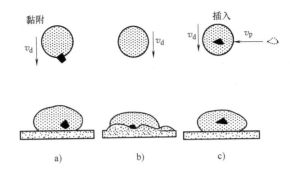

图 6-2　喷射共沉积工艺中增强颗粒的插入

a）沉积过程中插入　b）沉积过程中被机械作用力捕获　c）喷射过程中插入

v_d—液滴的速度　v_p—增强颗粒的速度

大量喷射共沉积雾化液滴的显微组织观察结果都证实了图 6-2c 所示的颗粒插入雾化液滴机制。例如，Wu 和 Lavernia 报道了 SiC 和 TiB_2 增强颗粒在喷射共沉积过程中插入 Al-Si 液滴；Liang 和 Lavernia 研究了喷射共沉积 Ni_3Al/TiB_2 复合材料，发现 TiB_2 增强颗粒在共喷射过程中插入 Ni_3Al 雾化液滴中，Ni_3Al/TiB_2 粉末的显微组织如图 6-3 所示。

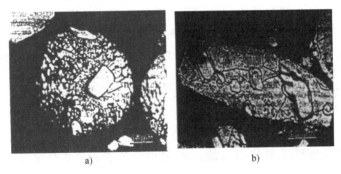

图 6-3　Ni_3Al/TiB_2 粉末的显微组织

注：TiB_2 颗粒插入 Ni_3Al 雾化液滴中；粉末粒度为 $63\sim90\mu m$。

喷射共沉积过程中增强颗粒与雾化颗粒之间的碰撞结果可分为三种：弹开、黏附或部分插入表面、进入液滴内部。

究竟发生哪种情况，取决于颗粒的相对动能与插入后表面能变化这两个值的大小。三种碰撞过程都被认为是完全非弹性的，碰撞动能全部转化为表面能变化和克服沿穿透方向黏滞阻力所做的功。

6.2.2　颗粒插入过程的物理模型

在喷射共沉积过程中，当陶瓷颗粒与雾化液滴相互碰撞，或者随后与沉积表面相互碰撞时，陶瓷颗粒均有可能插入液滴中。这两种机制中，增强颗粒与雾化液滴间有一相对速度。陶瓷颗粒从气相进入液相的过程如图 6-4 所示，陶瓷颗粒经载体气体加速后被导向熔融合金表面，当插入速度足够大时陶瓷颗粒插入液态合金。描述喷射共沉积时颗粒插入过程的物理模型有三种：能量平衡模型、力平衡模型以及能量平衡与力平衡综合模型。

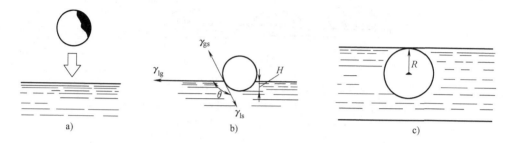

图 6-4　陶瓷颗粒从气相进入液相的过程

a）颗粒插入前　b）颗粒在液相表面　c）颗粒插入后

R—颗粒半径　θ—润湿角　H—插入距离　γ_{gs}、γ_{lg}、γ_{ls}—气相与固相、液相与气相和液相与固相间的表面能

1. 能量平衡模型

能量平衡模型考虑了颗粒插入过程中能量的变化。颗粒与基体（雾化液滴或大块液相）之间存在相对运动，因此增强颗粒具有一定的动能，而该动能提供了颗粒插入所需的驱动力。当基体为熔融态，而且颗粒与液相间的润湿角大于 90° 时，颗粒插入后会增大颗粒与基体系统的自由能。当颗粒插入造成的体系自由能的增加小于颗粒的动能时，颗粒被捕获。

颗粒动能的表达式为

$$E_k = \frac{1}{2} m_P v^2 \tag{6-1}$$

式中，E_k 是颗粒相对于基体的动能；m_P 是颗粒质量；v 是颗粒与基体间的相对速度。

2. 力平衡模型

力平衡模型可以很好地描述离心注入过程中陶瓷颗粒插入液相的问题。离心注入工艺与气体注入完全不同，前者通过离心旋转将离心力传递给颗粒。转速低时，离心力被液相表面张力产生的阻力平衡，颗粒不能插入液相；转速足够高时，作用在颗粒上的离心力可以克服阻力，使得颗粒插入液滴中。

Kacar 等人研究了离心旋转工艺中陶瓷颗粒插入液态金属的行为过程，分析了惯性力、表面能力和浮力这三种独立作用力对颗粒插入行为的影响。离心旋转过程中作用在某一颗粒上的合力为

$$\sum F = ma\left(1 - \frac{\rho_1}{\rho_p}\right) + K_s\left(\frac{m_p}{\rho_p}\right)\gamma_{lg}\cos\theta \tag{6-2}$$

式中，m 是旋转颗粒质量；a 是离心旋转加速度；ρ_1 是液相密度；ρ_p 是固相密度；m_p 是颗粒质量；K_s 是形状系数；γ_{lg} 是液-气相间的表面能；θ 是润湿角。$\sum F > 0$ 时颗粒插入液态金属。

3. 能量平衡与力平衡综合模型

能量平衡模型和力平衡模型均对颗粒插入液相的实际情况进行了简化，因此只能在一定程度上分析颗粒插入过程。而实际的喷射雾化过程中绝大部分雾化液滴在颗粒注入处为半固态或者液态，由于半固态液滴中的固相显著增大了黏度，因此必须考虑黏性拖曳力对颗粒插入的影响。在这种情况下，颗粒插入时受到的总阻力包括表面张力和流体拖曳力所产生的颗粒插入阻力。因此，颗粒受到的总阻力 F_r 为

$$F_r = F_s + F_d \tag{6-3}$$

式中，F_s 是插入过程中表面能变化产生的力；F_d 是颗粒在雾化液滴中运动产生的拖曳力。

6.2.3　颗粒的捕获机制

由喷射共沉积过程中颗粒插入机理可知，当液滴为全液态或半固态时颗粒能插入液滴，颗粒插入后能在液态液滴中运动，增强颗粒与固/液界面凝固前沿的相互作用将决定颗粒在基体中的最终分布，从而显著影响材料性能。

喷射共沉积技术中影响陶瓷颗粒插入后最终分布的作用机制有四种：

（1）强制吞没机制　当外来颗粒与前进的固/液界面凝固前沿相遇时，颗粒将被凝固前沿捕获或者排斥，这主要取决于动力学和热力学条件，也受颗粒和基体物理性质的影响。当陶瓷颗粒悬浮在基体中时，倾向于被固/液界面排斥，最终导致增强颗粒在最后凝固的区域内发生偏析。在某些金属-陶瓷体系中，固态金属和陶瓷颗粒间的界面能相对较低，从能量角度来说有利于颗粒的捕获，此时陶瓷颗粒在凝固过程中被固/液界面捕获。但是大部分陶瓷-金属体系中陶瓷与固态金属间的界面能相对较高，因此这些体系中的陶瓷颗粒增强相倾向于被固/液界面排斥。随着凝固界面的向前推进，液相区缩小，在 SiC 颗粒周围形成毛细管。在毛细管内，SiC 颗粒不仅受到凝固前沿的排斥力，而且受到毛细力和液体对流力的作用。若假设 SiC 颗粒在三种力的作用下能自由移动，同时具有相对光滑的表面和低的长径比（长度/直径），则三种力共同作用，将颗粒推出毛细管区。但颗粒在发生位移的同时，还很可能受到雾化沉积液滴的冲击。由于液滴到达沉积表面时速度很大（100~400m/s），碰撞产生的高动能将使强化相在机械力作用下进入凝固界面，发生强制吞没。

如果在喷射和随后的沉积过程中没有发生强制吞没，则沉积坯内 SiC 粒子主要分布在晶界处，该现象已在 6061/SiC$_p$ 金属基复合材料中得到证实。

（2）枝晶碎块或已凝固液滴阻塞机制　在喷射共沉积过程中，沉积坯表层存在着大量枝晶碎块和已凝固液滴，增强颗粒不能在排斥力、毛细力和对流力作用下

自由移动，而是被枝晶碎块或已凝固液滴阻塞于毛细区。其阻塞机制如图 6-5 所示，此模型对含有大量已凝固颗粒的喷雾到达沉积表面时，其沉积组织中增强颗粒的最终分布具有决定意义。

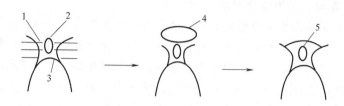

图 6-5　枝晶碎块或已凝固液滴阻塞机制

1—铝液　2—SiC 颗粒　3—凝固前沿　4—已凝固液滴/枝晶碎块　5—被捕获的 SiC 颗粒

（3）机械捕获机制　由于大部分的金属基复合材料不透明，因此一般通过检测颗粒偏析来研究捕获问题。研究中，颗粒捕获的观察同时受到物理捕获和机械捕获的影响。而且，所有的理论模型只考虑单个颗粒与固/液界面作用的理想情形。当颗粒分散分布在固/液界面前方，而且发生多次凝固时，则必须考虑颗粒之间以及颗粒与界面之间相互作用的影响。

通过对进入液滴或沉积坯液层内部的 SiC 颗粒与凝固前沿的相互作用进行仔细分析，将增强颗粒与基体金属凝固前沿的作用情形分为四类：

1）因温度差在增强颗粒（SiC）周围液相中形成陡峭的温度梯度，促进了以 SiC 颗粒为核心的形核生长，使 SiC 颗粒直接被液相捕获，如图 6-6a 所示。

2）SiC 颗粒周围液相中有多个枝晶核迅速生长，交汇后 SiC 颗粒陷入一次枝晶臂之间，被一次枝晶臂捕获，如图 6-6b 所示。

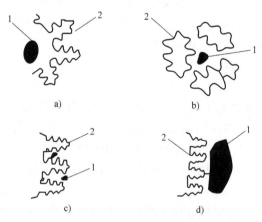

图 6-6　增强颗粒与凝固前沿的相互作用情形

a）SiC 颗粒被液相捕获　b）SiC 颗粒被一次枝晶臂捕获　c）SiC 颗粒被二次枝晶臂捕获　d）SiC 颗粒被排斥于晶界

1—SiC 颗粒　2—枝晶臂

3）较小的 SiC 颗粒陷于二次枝晶臂间，被二次枝晶臂捕获，如图 6-6c 所示。

4）SiC 颗粒粒度较大时，也可能被多个一次或二次枝晶凝固前沿共同推动，最终被排斥于晶界，如图 6-6d 所示。

（4）颗粒诱发形核机制　喷射共沉积过程中，注入陶瓷颗粒的温度通常远低于雾化液滴的温度，因此即使颗粒与固相间的界面能相对较高，颗粒在液滴中造成的温度梯度也能促进固相形核。其形核机制与传统铸造方法类似，也包括两种机制：一是自由能效应，二是热效应。

6.2.4　颗粒与基体间的传热及凝固过程

喷射共沉积复合材料的组织特征及性能受其传热凝固过程影响，而喷射共沉积的传热与凝固特征取决于其雾化和沉积特点。液滴和沉积表面相互碰撞时，控制液滴分布的热量和凝固条件主要取决于：材料的热力学特性、气体的热力学特性、工艺参数。

有学者对喷射共沉积的传热凝固过程进行了数值模拟计算，通过建立雾化与沉积阶段的传热模型，研究了 SiC 颗粒的加入对基体散热与凝固的影响。以 Al-Li/SiC$_p$ 复合材料为例，计算出雾化阶段 SiC 的吸热占基体液滴冷却所释放热量的 9%，沉积阶段达热平衡后 SiC 吸热占基体放热量的 8%。这表明加入 SiC 后可提高冷却速度，从而细化基体组织晶粒。

6.3　喷射共沉积装置

6.3.1　喷射共沉积装置的构成

喷射沉积装置的类型有很多，通过改变沉积基体的形状与运动模式，可以制备出各种形状的坯件，如管、圆柱锭和板材等。根据喷射共沉积技术的基本原理，只要引入增强颗粒输送与加入系统，所有喷射沉积装置都能用于喷射共沉积复合材料的制备。

一般来说，喷射共沉积装置系统主要由金属液加热及保温炉、雾化器、加粉装置、沉积基底和雾化室等组成。喷射共沉积制备各种近成形坯装置的基本结构如图 6-7 所示，喷射共沉积管坯制备系统如图 6-8 所示。

世界各国的不同生产厂家根据喷射共沉积的原理开发出了形态各异的装置。英国 Cospray

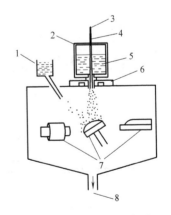

图 6-7　喷射共沉积制备各种近成形坯装置的基本结构

1—增强颗粒输送装置　2—坩埚　3—热电偶
4—柱塞杆　5—金属液　6—雾化装置
7—成形坯　8—排风口

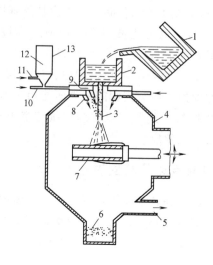

图 6-8　喷射共沉积管坯制备系统

1—熔炉　2—中间包　3—雾化液流　4—沉积室　5—排风口　6—过喷粉　7—基体管
8—雾化气喷嘴　9—颗粒喷嘴　10—引射气管　11—流化气管　12—增强颗粒　13—喷粉罐

公司较早开始喷射共沉积法制备复合材料的商业化生产，其复合材料锭的生产装置如图 6-9 所示。美国加州大学 Irvine 分校的 Lavernia 研究组进行喷射共沉积基础理论及材料研究的试验装置如图 6-10 所示。

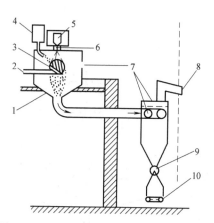

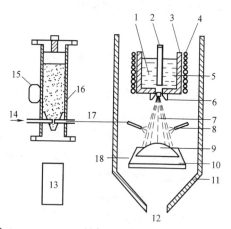

图 6-9　Cospray 公司复合材料锭的生产装置

1—喷射室　2—收集器　3—基体　4—增强颗粒输送装置　5—熔炼炉　6—雾化装置　7—卸压孔　8—通大气　9—集尘器　10—过喷粉末

图 6-10　Lavernia 研究组进行喷射共沉积基础理论及材料研究的试验装置

1—热电偶　2—柱塞　3—坩埚　4—感应线圈
5—金属液　6—雾化装置　7—雾化锥　8—喷吹管　9—沉积坯　10—基体　11—喷射室　12—排风口　13—控制柜　14—氮气　15—机械搅拌器
16—喷吹器　17—颗粒输送管道　18—冷却水

6.3.2　颗粒的加入方式

在喷射共沉积过程中，增强颗粒的加入方式主要有三种：

1）从金属液内部直接插管加入，如图 6-11a 所示，这种方式的缺陷是在低金属液流量条件下难以实现。

2）将增强相从金属液流与雾化气之间加入，如图 6-11b 所示。这是早期试验常用的方法，20 世纪 90 年代初期 Singer 认为这是当时最好的加入方式。该方法简单易行，能够减少颗粒的损失，但雾化喷嘴设计困难。

3）采用插管方式将颗粒流直接喷入金属液雾化锥，如图 6-11c 所示。采用这种方式当颗粒流速低时粒子分布不易均匀。

采用这三种方式都能制备比铸造工艺均匀得多的颗粒增强复合材料，并且沉积坯中增强相的含量可通过颗粒输送流量控制。

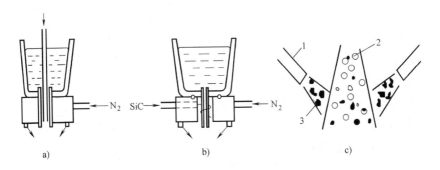

图 6-11　三种增强颗粒的加入方式

1—插管　2—雾化液滴　3—增强颗粒

6.3.3　颗粒的输送装置

比较成熟的颗粒输送装置包括流化床式颗粒输送装置和同轴型颗粒输送装置两种。

1. 流化床式颗粒输送装置

流化床式颗粒输送装置如图 6-12 所示。其基本原理是：储料罐中的增强颗粒从底部通道进入的喷射气体流态化，形成悬浮流后从上部出口送出到颗粒喷嘴。当达到某一临界压力时，流体作用在颗粒上的拖拽力等于颗粒所受重力，称该条件为最小流态化条件。

流化床式颗粒输送装置的不足之处是颗粒的质量流量相对较低，为解决这一问题，又开发出了另一种流态化输送装置——双层嵌套容器式流化输送装置，如图 6-13 所示。该装置包括一个密封式外流化床容器，其内壁嵌有另一带锥形多孔板与底部圆柱孔的内流化床容器，流化气的通路限定在外容器与内容器之间。内容器通过底部出口孔与输送管道相通，出口配有一可移动塞，用于控制内容器内颗粒的外溢量。当流化气从锥形多孔板喷入后，产生颗粒材料的流态化床，流化颗粒通过移动塞的调节从底部出口流出并被出口管道的输送气流送出至颗粒喷嘴。

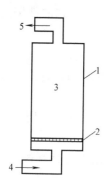

图 6-12　流化床式颗粒输送装置

1—耐热有机玻璃容器　2—多孔板　3—流态

4—气体入口　5—颗粒出口

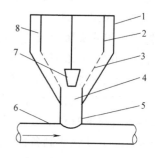

图 6-13　双层嵌套容器式流化输送装置

1—外流化床容器　2—内流化床容器　3—锥形

多孔板　4—底部出口孔　5—出口管　6—输送

管道　7—移动塞　8—流化气通道

从以上两种流态化输送装置的结构原理看，它们都难以实现准确定量、长时间、连续地输送增强颗粒。

2. 同轴型颗粒输送装置

为实现准确定量、长时间、连续地输送增强颗粒，又开发出了同轴型颗粒输送装置，如图 6-14 所示。该装置由同轴的注入管和喷嘴管两个管子构成，两管之间相隔一定距离，颗粒注射过程中受压气体通过气体注入管进入喷嘴管内。由于两管分隔处产生的吸入压力作用，增强颗粒经注入管进入喷嘴管内。颗粒被注入气体带入喷嘴管后并在其中被加速。

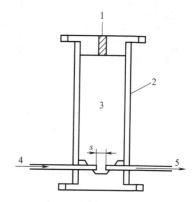

图 6-14　同轴型颗粒输送装置

1—装料口　2—耐热有机玻璃容器　3—颗粒

4—气体入口　5—颗粒出口　s—注入管

与喷射管之间的距离

6.4　喷射共沉积技术的应用

采用喷射共沉积技术制备的颗粒增强金属基复合材料主要集中于铝基合金系，如 2000、6000、7000 系列铝合金，Al-Li 合金，Al-Fe 合金和 Al-Si 合金等，采用的增强相主要是 SiC、Al_2O_3、莫来石、TiB_2 等。在这些增强相中，研究最多的是 SiC 增强铝合金，SiC 的粒度一般为 $3\sim50\mu m$，SiC 的体积分数一般为 10% ~ 30%。近年来对耐热铝合金基、铜合金基、镁合金基、Ni-Al 基、Ti-Al 基金属间化合物及其他非平衡凝固基体复合材料的研究逐渐增多，以充分利用喷射共沉积技术快速凝固的优势。

通过优化喷射共沉积的工艺参数，可以获得增强相分布均匀、界面结合和性能良好、致密度较高的复合材料。喷射共沉积的工艺参数主要包括：雾化压力和颗粒输送压力、颗粒加入位置、颗粒射入角度、沉积距离、液流直径、合金过热度。

6.4.1　喷射共沉积复合材料的显微组织

1. 增强相的分布

与传统铸造凝固技术制备的金属基复合材料相比，喷射共沉积金属基复合材料的显微组织中增强相的偏析程度显著减小，但在高倍下观察沉积坯的显微组织时，仍存在一定程度的微观偏析。

喷射共沉积 6061Al/10% SiC（体积分数）金属基复合材料的显微组织如图 6-15 所示。沉积坯显微组织中存在尺寸通常小于 40 □m 的增强相贫化区。颗粒贫化区的产生原因可能有两种：

1）固/液界面没有发生颗粒捕获时，颗粒被推向最后凝固的区域，这一区域通常是晶界。在这种情况下，颗粒之间的最终间距取决于晶粒大小，而晶粒大小与沉积过程中的热环境有关。

图 6-15　喷射共沉积 6061Al/10% SiC（体积分数）金属基复合材料的显微组织

2）共喷射过程中存在预先凝固的粉末。在喷射共沉积工艺典型的注射条件下，颗粒不会插入固态粉末中，如果这些粉末与沉积表面碰撞后仍然保持为球形（即粉末没有重熔），那么预凝固粉末的尺寸决定了颗粒贫化区的大小。

2. 界面

大部分陶瓷颗粒在高温下与金属液发生反应，例如在液态 Al 和 SiC 之间可能发生的化学反应有：

$$4Al(l) + 3SiC(s) \longrightarrow Al_4C_3(s) + 3[Si] \tag{6-4}$$

$$4Al(l) + 4SiC(s) \longrightarrow Al_4SiC_4(s) + 3[Si] \tag{6-5}$$

式中，l 和 s 分别表示液相和固相。第一步反应是 C 在 Al_4C_3 中的固态扩散，形成连续的反应物层；第二步反应是 SiC 溶入液态 Al 中。

虽然有限的界面反应有时可能增强界面的承载能力，但是广泛的界面反应却会恶化材料的力学性能。喷射共沉积技术可以避免或者减少大部分陶瓷-金属体系中的界面反应，从而提高界面性能。

　　喷射共沉积金属基复合材料中没有界面反应是因为液相基体与增强颗粒之间的接触温度相对较低，而且接触时间短。喷射共沉积过程中，金属基体与陶瓷颗粒发生接触的温度范围通常位于基体材料的液相线和固相线温度之间，而液相法制备金属基复合材料时两者的接触温度通常高于液相线温度。从喷射共沉积中的局部凝固时间可以估算出增强相与半固态基体的接触时间。例如：在典型的喷射共沉积条件下，Cu-6%Ti 合金（质量分数）的局部凝固时间通常少于 20s。即使在极端条件下，即雾化液滴中含有 49%（体积分数）的液相时，凝固时间少于 220s。通过观察喷射共沉积坯的显微组织，也可推知基体与颗粒的接触时间短。Kim 等人利用透射电子显微镜研究了喷射共沉积 Al-Fe-V-Si/SiC 金属基复合材料和未增强基体材料中基体显微组织的不同。结果表明，SiC/基体界面处形成的硅化物［$Al_{12}(Fe，V)_3$ Si］明显小于远离 SiC 颗粒的基体中形成的硅化物，因此界面处的基体必定经历了快速凝固过程。

3. 孔隙

　　喷射共沉积金属基复合材料中的孔隙很少，由于喷射共沉积金属基复合材料中存在大量的增强颗粒，因此研究喷射共沉积金属基复合材料中的孔隙时不必在基底表面附近检测激冷带，而是在沉积坯的中心部位进行。喷射共沉积金属基复合材料中至少存在三种类型的孔隙：含有气体的孔隙、不含气体的孔隙和凝固收缩造成的孔隙。

　　利用测量密度的方法，可以确定喷射共沉积材料中的孔隙总量。喷射共沉积金属基复合材料孔隙的定量计算公式为

$$P = (1 - f_r - f_m) \tag{6-6}$$

式中，P 为孔隙的体积分数（%）；f_r 和 f_m 分别为增强相和基体的体积分数（%）。

　　增强相的体积分数由下式计算：

$$f_r = \frac{m_r/\rho_r}{m_c/\rho_c} \tag{6-7}$$

式中，m_r 和 ρ_r 分别是增强相的质量和密度，m_c 和 ρ_c 分别是复合材料的质量和密度。

　　基体体积分数的计算式为

$$f_m = \frac{(m_c - m_r)/\rho_m}{m_c/\rho_c} \tag{6-8}$$

式中，ρ_m 为基体材料的密度。

4. 晶粒尺寸

　　喷射共沉积金属基复合材料的晶粒为等轴形。与未添加增强颗粒的材料相比，加入陶瓷颗粒后金属基复合材料的晶粒尺寸显著减小。不同合金中添加增强颗粒后晶粒尺寸的变化见表 6-1。由表 6-1 可见，沉积态复合材料的晶粒尺寸比基体合金一般减小了 30% 以上。添加增强颗粒导合金晶粒细化的机制有三种：

1）由于气体传热与颗粒加入产生的快冷使形核增殖。

2）碰撞过程中枝晶臂的断裂。

3）增强颗粒的存在使晶粒生长受到抑制。

表 6-1　不同合金中添加增强颗粒后晶粒尺寸的变化

基体材料	增强相	沉积态材料晶粒尺寸/μm		晶粒尺寸变化率（%）
		单相合金	金属基复合材料	
Al-2.1%Li（质量分数）	SiCp	207	67	−68
6061		22~25	22	0
8090	SiC_p，B_4C	48	30	−38
Al-Li-Mg	SiC_p	22	15	−32
6061		33.6	22	−34.5
Al-Ti		16.2	11~26.7	—

6.4.2　喷射共沉积复合材料的力学性能

喷射共沉积法制备的颗粒增强复合材料具有较高的力学性能，其力学性能的提高与增强相的体积分数、基体强度和热处理条件等因素有关。英国 Cospray 公司对 $7075/SiC_p$、$8090/SiC_p$ 及 $2618/SiC_p$ 等复合材料进行了详细研究并应用于商业化生产，获得了高强度、高模量的优质铝基复合材料。采用 Cospray 工艺制备的颗粒增强铝基复合材料的力学性能如表 6-2 所示。

表 6-2　采用 Cospray 工艺制备的颗粒增强铝基复合材料的力学性能

制备工艺	合金及增强相（体积分数）	抗拉强度 R_m/MPa	规定塑性延伸强度 $R_{p0.2}$/MPa	断后伸长率 A（%）	弹性模量 E/GPa
喷射共沉积	7049/15%SiC_p（T6）	601	556	3	95
		643	598	2	90
	7090/29%SiC_p（T6）	735	665	2	105
	8090/13%SiC_p（T6）	520	455	4	101
		547	499	3	101
	8090/17%SiC_p（T6）	460	316	4.7	103
		540	450	3.4	103
	2618+10%~15%SiC_p（T6）	481	409	3.3	94.8
铸造	7075（T6）	570	505	10	72
	8090（T6）	485	415	7	80

与其他工艺相比，采用喷射共沉积技术制备的颗粒增强复合材料在显微组织、力学性能和生产率方面具有明显优势，因此喷射共沉积技术在制备颗粒增强金属基复合材料的商业化生产与应用方面越来越成熟。世界上最大的铝合金生产企业之一

的加拿大铝业公司（Alcan）于 20 世纪 80 年代即在英国建立了 Cospray 公司，专门从事喷射共沉积制备金属基复合材料的研究、开发和销售工作，已具有商业规模的生产能力。该公司已生产出质量达 250kg 的 SiC 颗粒增强铝合金锭坯，还可生产空心管、近形锻坯及板坯等。研究的合金系包括 Al-Cu-Mg 系、Ag-Mg-Si 系、Al-Zn-Mg 系、Al-Si 系和 Al-Li 系等，制得的铝基复合材料已应用于导弹尾翼、汽车制动卡钳、连杆、活塞等零部件。此外，德国的 Peak 公司、英国的 Osprey 公司也都具备了工业化生产喷射共沉积复合材料的能力。美国海军研究中心（NSWC）经过数年的研究，认为喷射沉积工艺是可行的，且是一种低成本的新型材料制备方法，采用该方法制备的合金性能优于同类铸造及锻造合金。美国海军目前正在进行喷射共沉积工艺优化和工业化的工作，制备的喷射共沉积复合材料已用于鱼雷管、轴套和轴封等。我国研究喷射共沉积复合材料的单位有沈阳金属所、哈尔滨工业大学、西北工业大学、北京科技大学、湖南大学等。

6.5 喷射共沉积技术的特点和优越性

喷射共沉积技术作为一种制备颗粒增强金属基复合材料的崭新方法，具有高效、高性能、低成本的特点，在高性能金属基复合材料的制备中具有其他工艺无法替代的优越性，并被认为是代替粉末冶金最有发展前景的工艺。喷射共沉积技术制备颗粒增强金属基复合材料的优越性可概括为以下几点：

1）喷射共沉积制备的颗粒增强金属基复合材料具有颗粒增强相分布均匀、增强相与基体结合良好、无有害界面反应、氧含量及夹杂物污染低、材料综合性能优良的特点。

2）喷射共沉积过程中，除惰性气体能吸收大量热量，提高熔体凝固速度，抑制基体合金偏析和组织粗化外，增强颗粒的加入也可增加基体冷却速度，同时对晶界迁移产生拖曳力，阻碍晶界迁移和晶粒长大，使复合材料的晶粒明显减小。

3）通过控制增强相的加入量，可以制备不同体积分数的复合材料，甚至可以制备增强相体积分数沿沉积物增长方向连续变化的梯度功能复合材料。

4）喷射共沉积工艺能制备难成形材料，如 Ti-Al、Ni-Al 等金属间化合物及各种非平衡态基体复合材料的接近最终形状的零部件。

5）工序少，生产率高，能直接制备大尺寸近形坯，成本较低。最快可达到每秒千克级的沉积速度，在较短时间内即可制取吨级的复合材料坯。喷射共沉积法制备复合材料的成本仅为粉末冶金工艺的 30%~40%。

从发展趋势来看，采用喷射共沉积工艺进行锻造和挤压生产颗粒增强金属基复合材料，具有很大的潜在商业化生产能力，为颗粒增强金属基复合材料的制备提供了一条适应性更广，而且更加灵活的工艺路线，具有显著的应用前景与潜在经济效益。

第 7 章

多层喷射成形技术

在传统喷射成形工艺中，常采用调整喷射密度的大小来控制沉积坯的质量。这通常有两种情况：

1）当喷射密度较低时，单位时间内到达沉积基体表面的液滴稀少，则每个液滴在下一个液滴到达之前就已经凝固，这样，虽然沉积物的冷却速度较大，但沉积坯多孔，溅射边界明显。一般来说，具有这种组织的沉积坯是不理想的。

2）当喷射密度较高时，喷射成形过程中的前一批沉积物完全凝固之前，也就是说，在先前沉积物的表层尚保持一薄层金属液时，下一批喷射液滴已到达该处，两个液面相互碰撞，发生对流、扩散、混合，因而消除了孔隙和溅射边界，可得到致密的沉积坯。这种高喷射密度的沉积坯冷却速度较小，但其孔隙度低，在后续的热加工过程中不会发生内氧化，并能得到无或很少溅射边界的胞状组织。但是在高喷射密度沉积工艺中，金属液滴的沉积速度很快，或单位时间在单位面积上的金属液滴沉积量很大，如果仅依靠气体对流和热辐射散热则冷却速度不够高，沉积坯表层容易形成一层较厚的液层，整个工艺恶化成为一般的铸造过程，产生成分宏观偏析、晶粒粗化和热缩孔等缺陷，这是最不希望得到的一种组织。

根据上述分析，传统的喷射成形工艺在制备大型的厚壁管坯、筒坯、大直径圆锭坯和厚板坯，特别是在制备一些对冷却速度要求较高的坯件时，喷射条件往往受到一定的限制。其主要原因是：若喷射密度过高，通过气体对流和热辐射方式散热的效率是有限的，该工艺容易导致沉积坯恶化成普通铸造组织。另外，在制备长度和宽度均很大的板、带材时，传统的喷射成形工艺均采用 V 形喷嘴、摇动扫描喷嘴或多个喷嘴工艺，使得工艺过程变得非常复杂。采用传统喷射成形工艺制备的沉积坯的冷凝速度一般只有 $1\sim10K/s$。

为解决传统喷射成形过程中存在的问题，首先要找到一个合适的表面温度范围，以保证雾化液滴既能与沉积层表面黏结良好，消除溅射边界，获得较高的致密度，又能获得快速凝固效果；其次，要找到一种合适的工艺来显著降低沉积过程中沉积层表面的温度，也就是要显著减少沉积坯单位面积在单位时间内的热量积累；第三，为了保证铺展黏结，还要保持雾化颗粒在沉积前基本为液相，避免较多固态雾化颗粒混杂其中造成的低密度沉积。解决该问题的主要方法是降低喷射距离和适当地增加过热度。

为了解决大型厚壁管坯、厚板坯和大直径圆锭坯的制备技术问题，湖南大学陈振华教授等人在对传统喷射成形的理论研究基础上，提出了多层喷射成形概念，发明了多层喷射成形技术和一系列装置。该技术对我国材料制备科学技术的发展具有十分重要的意义。

7.1　多层喷射成形装置及原理

多层喷射成形锭坯、板坯、管坯的制备装置如图 7-1～图 7-3 所示。其共同特点是：采用喷枪扫描运动机构和沉积基体升降控制机构，沉积坯为往复扫描沉积而成；喷枪运动机构包括加热坩埚、喷嘴，两者被共同固定在运动导板上，通过运动控制器控制导板运动的速度、方向、快慢和运动行程；沉积基体升降控制机构由一组齿轮传动机构和控制器组成，可以控制基体的升降高度和升降速度。多层喷射成形装置全部系统可由计算机控制。

多层喷射成形装置的工作原理是：金属液注入坩埚中，通过导管流入喷嘴，被高压气体雾化成液滴流；雾化器移动的方式受计算机控制，根据沉积坯形状和冷却速度的要求，按一

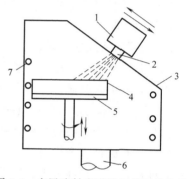

图 7-1　多层喷射成形锭坯的制备装置
1—移动加热坩埚　2—喷嘴　3—雾化室
4—沉积坯　5—基体　6—排风口
7—水冷装置

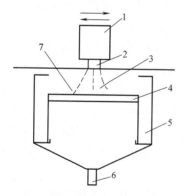

图 7-2　多层喷射成形板坯制备装置
1—移动加热坩埚　2—喷嘴　3—雾化锥　4—基体
5—雾化室　6—排风口　7—水冷小车

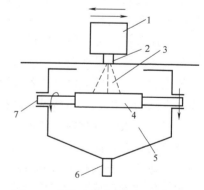

图 7-3　多层喷射成形管坯制备装置
1—移动加热坩埚　2—喷嘴　3—雾化锥　4—基体
5—雾化室　6—排风口　7—旋转风水冷装置

定的规律进行匀速或变速运动，液滴扫描沉积在基体上；基体的升降装置也由计算机控制，保持基体的下降速度与沉积坯长大速度一致，经过雾化液流的多次往返扫描，坯件最终成形。

多层喷射成形工艺的最佳沉积条件取决于金属液的过热度、雾化气体与金属液流的质量比（GMR）、喷射高度、沉积基体的转速、雾化器运行的速度和行程等。

为了获得最佳沉积条件，在生产过程中工艺参数选择如下：金属液的过热度为 100～300℃，喷射高度为 80～200mm，雾化气体压力为 0.5～2.0MPa，喷嘴直径为 2.0～6.0mm，沉积基体的转速与雾化器的移动速度分别为 5～50r/min 和 10～100mm/s。通过控制坩埚内金属液的成分可以制备梯度材料；在雾化锥中引入增强相，实现金属液滴和增强相颗粒共同沉积，可以制备出复合材料坯。

多层喷射成形的核心思想是：在喷射成形过程中将装有熔体的坩埚与雾化器一起移动，这种移动装置代替了各种扫描和 V 形喷嘴，引起了沉积原理的变化，并造成了一种多层扭合沉积组织的产生。

7.2　多层喷射成形工艺及原理

多层喷射成形工艺制备的沉积坯组织并非简单的层状叠合结构，而是层与层之间结合良好，致密度较高或致密度很高的沉积坯组织。多层喷射成形过程原理及沉积坯形成规律与传统的喷射成形显著不同，主要表现在沉积轨迹、黏结、凝固规律、热应力、沉积密度和冷却速度等几个方面。

7.2.1　金属液滴的沉积轨迹

在多层喷射成形过程中，由于雾化器和沉积基体同时运动，因此在制备管坯时，雾化器沿沉积基体的母线做往返式匀速直线运动，基体沿轴线做匀速转动，两者的复合使其沉积轨迹为复杂的螺旋线，得到的是一种扭合式的组织，而非平面层状组织。这种沉积坯经挤压加工致密化后，具有优异的力学性能。扭合状组织和低的含氧量使得材料具有较高的塑性，明显优于粉末冶金材料的塑性。同样，在制备板坯时，得到的也是一种扭合状的组织。多层喷射成形管坯、板坯的扫描轨迹如图 7-4 所示，可见其沉积轨迹与传统喷射成形工艺是不一样的。

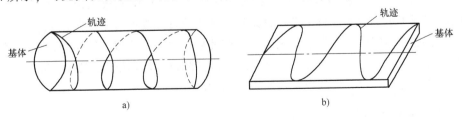

图 7-4　多层喷射成形管坯、板坯的扫描轨迹

a）管坯　b）板坯

7.2.2 黏结模式

在多层喷射成形过程中，沉积层与基体以及沉积层之间的黏结问题直接影响到沉积坯的组织和性能。

沉积基体的材质和表面温度是影响沉积层在基体上黏附和脱落的主要因素。基体单位面积单位时间的沉积量少、基体温度低，则沉积物不易黏附在基体上。因此为了防止沉积层的脱落，基体必须加热。不同的合金系对沉积基体的材质和加热温度的要求不同。

在多层喷射成形过程中，由于雾化器的扫描周期比较长，所以沉积层表面为固相状态。为了获得良好的黏结条件，并尽可能消除溅射边界，要求雾化液滴在沉积前必须尽可能保持液相，因此必须大幅度降低喷射高度。在传统工艺中喷射高度一般为 300~400mm，但在多层喷射成形工艺中喷射高度只有 80~200mm。同时还可以通过调整沉积基体的转速和雾化器运动的速度来配合控制沉积过程，实现理想黏结。在大规格管坯和板坯的制备中，还可以采用多雾化器沉积工艺。

多层喷射成形的这种黏结模式可以获得快速凝固效果。对于 8009（Al-Fe-V-Si）这一对冷却速度敏感的合金，可以通过牺牲少量沉积坯密度的办法来进一步提高冷却速度，具有这种组织的沉积坯较接近于粉末冶金材料的组织。

金属液滴的沉积过程是在惰性气体气氛保护下进行的，沉积层与层之间无氧化污染，不会形成层间界面。经检测，多层喷射成形耐热铝合金坯的氧含量仅为 0.01%~0.08%（质量分数），比粉末冶金材料的约低一个数量级。

7.2.3 沉积层的凝固规律

在多层喷射成形过程中，雾化液滴的凝固过程是一个碰撞、溅射、铺展的冷却过程，液滴在碰撞铺展之后，可以获得气体对流散热、辐射散热和较冷沉积层表面固体传导散热的多重冷却效果。坯件规格越大，沉积层表面积越大，则雾化器的扫描周期越长，散热面积也越大，因而沉积坯表面容易冷至较低温度，沉积坯的冷却速度也越大。因此，多层喷射成形技术更适合于制备大规格沉积坯，更容易获得快速凝固效果。沉积坯是沉积层无限叠加而成的，每一扫描薄层厚度仅为 8.5μm，可获得 $10^3 \sim 10^5 K/s$ 的冷却速度。这样沉积坯的厚度可以达到很大而冷却速度不受影响，克服了传统喷射成形由于坯件厚度增加，冷却速度明显下降的缺点。

根据显微组织的二次枝晶臂间距与冷却速度的关系，可以计算出采用多层喷射成形工艺生产质量达 1t 的铝合金及复合材料坯件时的冷却速度已达 $10^4 K/s$。这是采用铸造工艺和传统喷射成形工艺所难以达到的。

7.2.4 热应力问题

在大规格沉积坯的制备中，多层喷射成形工艺制备的坯件中的宏观热应力要远小于铸造及传统喷射成形工艺产生的热应力。

在多层喷射成形工艺中，由于各沉积层在沉积过程中均已降至较低温度（一般为 200~350℃），因而大直径锭坯的内外温差较小，由此产生的宏观热应力也很小。而在铸造坯和传统喷射成形坯中，内外温差大，宏观热应力大，容易开裂。多层喷射成形由于冷却速度高，合金的析出物数量和尺寸均较小，进一步避免了开裂现象。此外，多层喷射成形坯为非完全致密组织，存在一定的孔隙。当局部热应力引起的微裂纹扩展至空隙时，可能发生转向或停止扩展，因而可能有利于应力的松弛，使沉积坯中不至于产生大的宏观裂纹。

7.2.5　沉积密度和冷却速度

通过优化多层喷射成形工艺，沉积坯的沉积密度一般可控制在理论密度的 90%~95%，实际上粉末坯料当密度达到理论密度的 85% 时，坯内连通孔隙已经很少，坯料的加热不会导致氧化。因此，只要采用适当的后续热致密化工艺，就能得到氧化程度低、高度冶金结合、组织和性能优异的多层喷射成形产品。喷射成形层的凝固规律已经表明，多层喷射成形工艺在制备大尺寸坯件时能获得 $10^3 ~ 10^5 K/s$ 的冷却速度。因此综合考虑各工艺参数，多层喷射成形技术是制备大尺寸优质沉积坯的最佳选择。

7.3　多层喷射成形技术的应用

多层喷射成形制备管、棒、板等形状的坯件时，改变了传统喷射成形工艺中雾化器的扫描方式，使其在沉积面上方往复直线运动，而不是固定不动。雾化器运动方式的这一变化，使得多层喷射成形不仅在制备大尺寸坯件上具有独特的优势，而且对沉积坯的凝固过程和微观组织结构带来很大的影响，主要表现为金属液滴沉积时的冷却速度高，显微组织细小均匀，材料性能优异等。

7.3.1　多层喷射成形制备大尺寸圆柱坯

1. 基本原理

多层喷射成形制备大尺寸圆柱坯的装置如图 7-5 所示。其基本原理是：采用喷射系统的多层滑动扫描工艺，即喷射流在沉积坯半径范围内进行往复扫描；同时采用斜喷方法，通过调整倾斜角度 β 以获得形状良好的圆柱形沉积坯。这样大大增大了喷射流的扫描范围，因而可以制备很大直径的圆柱形锭坯。

斜喷是指喷射流轴线与沉积面法线呈一角度进行倾斜喷射的工艺方法。垂直喷射与斜喷工艺的对比如图 7-6 所示。斜喷时，在沉积坯边缘 O 点，可以同时获得径向分量 $Q\sin\theta_1$ 和轴向分量 $Q\cos\theta_1$（Q 为喷射流流量），前者可以保证沉积坯直径方向得到增长，维持良好柱形，而后者使沉积坯轴向得到增长。这样，通过调整倾斜角度和喷射流轴线的偏心距离即可获得形状良好的圆柱形沉积坯。同时由于喷射流的过喷量小，沉积坯成品率比垂直喷射成形大大提高，且锭坯直径越大，成品率越高。垂直喷射的喷射流成品率很低，一般为 40% ~ 50%，而斜喷过程中，喷射流的成品率可以达到 75% ~ 85%。另外，沉积坯直径较大，单位时间喷射下来的金属液铺展面积大，沉积层较薄，其凝固冷却的时间间隔较长，散热充分，熔体的冷却速度远大于传统的 Osprey 和 Cospray 工艺，同时可适当加大雾化角度，以提高雾化效率，减小雾化颗粒粒度，从而更大程度地提高了冷却速度，因而沉积坯组织细小，经过后续加工后具有优异的综合性能。

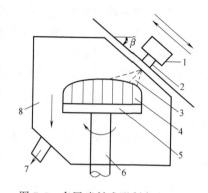

图 7-5 多层喷射成形制备大尺寸
圆柱坯的装置

1—坩埚 2—喷嘴 3—雾化锥 4—沉积坯
5—基体 6—旋转机构 7—排风口
8—雾化室

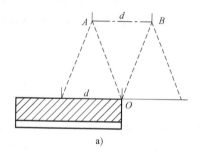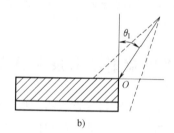

图 7-6 垂直喷射与斜喷工艺的对比
a）垂直喷射 b）斜喷

2. 制备大尺寸圆柱坯的工艺

（1）工艺参数的选择 多层喷射成形制备圆柱锭坯工艺参数分为两大类：

1）雾化工艺参数，包括雾化气压、熔体过热度、熔体流量等，主要决定沉积坯的组织性能。

2）喷射和沉积控制参数，主要控制喷射流的扫描和沉积，直接影响着沉积坯的形状。

为制备出形状规则、性能优异的 ϕ500mm 以上的耐热铝合金圆柱坯，多层喷射成形雾化工艺参数：雾化气体压力为 0.9 ~ 1.1MPa，熔体温度为 940 ~ 980℃，熔体流量为 3.3 ~ 4.0kg/min；而喷射和沉积工艺参数中，基体转速为 100 ~ 200r/min，喷射高度为 200 ~ 250mm，喷射流扫描周期为 10 ~ 20s。

（2）沉积坯形状的控制 多层喷射成形制备大尺寸圆柱锭坯的过程中，沉积坯的成形一般通过三个运动来实现：雾化系统的扫描运动、沉积坯的下降运动和沉积坯的旋转运动。

获得具有良好外形沉积坯的关键在于喷射系统扫描运动与沉积坯下降运动的控制。其中，喷射系统的扫描运动速度曲线对圆柱坯的成形起着决定性的控制作用；沉积坯下降速度取决于锭坯直径大小，下降太快，沉积坯会成锥形，太慢则成鼓形。因此，采用合适的下降速度也是圆柱坯成形控制的关键。

利用可编程控制器的时间曲线函数，预先设计一个周期的扫描速度曲线。当一个扫描周期开始时，按设定的曲线输出每个时间点的扫描速度，以控制电动机转速，得到所需要的扫描运动速度变化曲线，从而制备良好外形的圆柱状锭坯。喷射系统扫描运动控制程序流程图如图 7-7 所示。

由于设定的扫描周期与实际周期可能存在偏差，需采用一控制开关使扫描装置在起点处按设定的扫描曲线重复执行。开关量 C_{12} 即作为一次往返扫描运动周期结束的标志，当喷射系统实际往返扫描一次后，机械装置碰到行程开关，C_{12} 获得一通断信号，定位器立即复位，时间曲线函数从零点开始重新执行，重复一设定周期内速度曲线的输出 C_{12} 开关量作为中断信号来控制，反应灵敏，执行可靠。如作为普通开关量输入，则其通断在 0.1s 的控制周期内不一定能被检测到，从而可能造成控制不可靠。

要喷射成形出直径均匀一致的圆柱坯，必须建立基体下降速度与圆柱坯直径之间

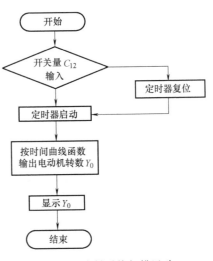

图 7-7　喷射系统扫描运动
控制程序流程图

的合理匹配关系。采用可编程控制器，以锭坯直径为反馈量建立了坯体下降速度的闭环自动控制系统是一种可行的方法。圆柱坯直径控制程序流程图如图 7-8 所示。采用一控制杆固定于沉积室壁，控制杆的伸出长度位置即为要制备的圆柱坯外径所达的位置。控制杆端头滑辊与沉积坯上边缘基本保持常接触，并相对滚动。如沉积坯下降速度太慢，圆柱坯直径偏大，则控制杆受压，尾端控制开关接通并给高度信号开关 DI_1 输入信号 1，沉积坯下降速度增大 $k\%$（k 为设定常量）；若下降过快，直径减小，则控制开关断开，当时间 t 超过已设定时间 m 时，沉积坯下降速度减小 $k\%$。因而可获得一合适的下降速度，使锭坯直径基本保持不变。由于多层喷射成形的特点，沉积坯表面已基本为全固态组织，滑辊与表面的接触与滚动不会影响其表面形态。采用该系统进行控制制备的锭坯直径偏差可小于 4%。圆柱坯制备过程中下降控制原理及产品，如图 7-9 所示。

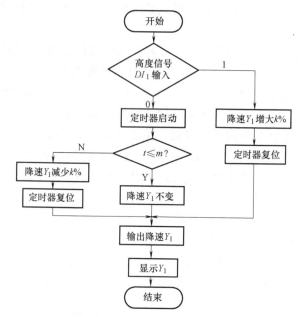

图 7-8　圆柱坯直径控制程序流程图

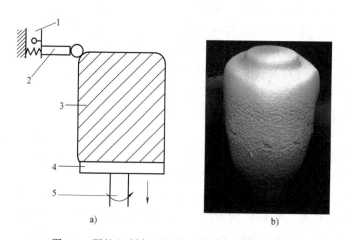

图 7-9　圆柱坯制备过程中下降控制原理及产品
a）控制原理图　b）φ420mm×580mm 的 7A09 铝合金圆柱
1—可编程控制器　2—控制杆　3—沉积坯　4—基体　5—旋转轴

7.3.2　多层喷射成形制备大尺寸管坯

1. 基本原理

采用传统的喷射成形技术制备管坯主要有三种方法：Osprey 单程技术、多程技术、离心喷射成形技术。这三种方法均在不同程度上存在冷却速度慢、沉积坯尺寸小、形状难以控制等问题。

采用多层喷射成形技术，通过改变喷射流的扫描运动方式就能有效地解决传统喷射成形技术中存在的问题。多层喷射成形技术制备大尺寸管坯的装置如图 7-10 所示。其基本原理是：在沉积制坯的过程中，基体只做旋转和下降运动，克服了平动带来的惯性问题，而雾化器在基体上方沿管坯轴向进行匀速往返直线运动；通过控制基体转速和雾化器平移速度，以获得较优的沉积轨迹；通过调节雾化器扫描行程来控制管坯的长度，通过调整喷射流流量和扫描次数来控制管坯厚度。若要制备较长的管坯，还可用多雾化器喷射，以增大喷射流扫描行程。

2. 工艺参数的确定

多层喷射成形制备大尺寸管坯工艺参数分为雾化工艺参数、喷射和沉积工艺参数两大类。

（1）**雾化工艺参数** 在多层喷射成形制备大尺寸管坯过程中，影响熔体雾化的工艺参数主要有熔体过热度、液流直径和雾化气体压力。

1）熔体过热度。金属熔体熔化时，熔体的过热度不仅影响着熔滴的大小和形状，而且直接影响着喷射流沉积时沉积面的热输入。一般熔体过热 100~200℃ 时，雾化效果较好。

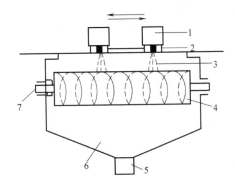

图 7-10 多层喷射成形技术制备大尺寸管坯的装置
1—坩埚 2—雾化器 3—喷射流 4—基体管
5—排风口 6—雾化室 7—旋转升降装置

熔体过热度对雾化效果有显著的影响。在多层喷射成形 Al-Fe-V-Si 合金管坯过程中，熔体的温度提高后，黏度明显降低，熔体温度越高，雾化效果较好，粉末平均粒度越小，如图 7-11 所示。

同时，熔体过热度对沉积坯的组织也同样影响明显。如图 7-12 所示，对比分析温度为 920℃、940℃ 和 960℃ 的 Al-Fe-V-Si 合金熔体喷射成形管坯的孔隙率发现，熔体温度越低，孔洞越明显，管坯结构越疏松。

2）液流直径大小。液流直径对熔体雾化过程的影响主要是通过改变熔体流量来改变气/液流量比，从而影响熔滴的平均粒径和冷却过程，最终影响到沉积面的热输入。雾化器结构、气体压力一定时，液流直径增大，熔体的流量增大，而气/液流量比减小，熔滴的平均粒径增大，冷却速度降低。在内

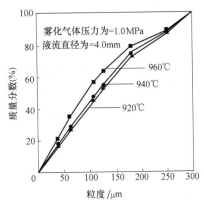

图 7-11 熔体温度与粉末粒度的关系

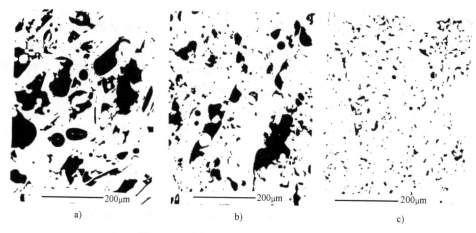

图 7-12　熔体温度对沉积坯组织的影响

a) $T = 920℃$　b) $T = 940℃$　c) $T = 960℃$

径为 $\phi400 \sim \phi600mm$ 的喷射成形 Al-Fe-V-Si 合金管坯的制备过程中，液流直径为 $\phi3.8 \sim \phi4.2mm$ 时，沉积坯质量较好。液流直径在 $\phi3.8mm$ 以下时，沉积坯表面易产生沉积层开裂。液流直径在 $\phi4.2mm$ 以上时，沉积坯性能将受到影响，见表 7-1。

表 7-1　液流直径对喷射成形 Al-Fe-V-Si 合金管坯性能的影响

管坯制备工艺中 液流直径/mm	25℃拉伸性能			350℃拉伸性能		
	规定塑性延伸 强度 $R_{p0.2}$/MPa	抗拉强度 R_m/MPa	断后伸长 率 A(%)	规定塑性延伸 强度 $R_{p0.2}$/MPa	抗拉强度 R_m/MPa	断后伸长 率 A(%)
$\phi = 4.0$	310	391	11.4	178	185	12.5
$\phi = 4.4$	274	366	12.6	151	167	11.9

3）雾化气体压力。雾化气体压力主要影响雾化气流的速度和流量，气体压力大，则气体速度和流量也随之增大，相应熔体破碎效果好，熔体冷却速度高，这对耐热铝合金制备工艺是非常必要的。在喷射成形 Al-Fe-V-Si 合金过程中，雾化气体压力与熔体温度适当配合，可以制备出性能较好的沉积坯，见表 7-2。

表 7-2　不同气体压力和熔体流量时的喷射成形 Al-Fe-V-Si 合金管坯性能

编号	雾化工艺参数			挤压态性能		
	熔体温度 /℃	雾化气体压力 /MPa	熔体流量 /(kg/min)	规定塑性延伸强度 $R_{p0.2}$/MPa	抗拉强度 R_m/MPa	断后伸长率 A(%)
1	920	0.95	2.8	295(157)	380(174)	11.2(6.5)
2	960	0.95	3.3	302(166)	417(188)	5.8(6.8)
3	980	1.1	3.8	325(161)	449(185)	7.6(6.0)

注：挤压态性能中括号外数据为室温性能，括号内数据为350℃、7min 时性能。

（2）喷射和沉积工艺参数　喷射和沉积工艺参数主要包括基体温度、喷射高度、喷射流扫描轨迹等，它们对沉积坯的形状和性能影响非常显著。

1）基体加热温度。喷射成形过程中，如果喷射流直接喷在较冷的基体上，由于冷却速度过快而导致液滴难以沉积在基体板上，因此就基体而言，提高喷射流沉积效率的方法有两个：一是将基体管预热到一定温度，喷射成形铝合金时基体加热温度为350~400℃；二是将基体表面粗糙化，如车螺纹状凹槽。这两者均有利于沉积层顺利黏结。

2）喷射高度。喷射成形过程中，熔体温度、雾化气体压力和液流直径确定以后，喷射流沉积时的热状态完全由喷射高度决定。喷射高度较高，则喷射流散热时间和距离均较长，因而对沉积面的热输入有直接影响。喷射成形 Al-Fe-V-Si 合金管坯时，喷射高度在180~220mm 范围内，溶滴的液相量较大，且飞行速度多处于较高值，这有利于溶滴在固相表面的铺展和黏结，形成较致密的沉积坯。

3）喷射流扫描轨迹。多层喷射成形制备大尺寸管坯工艺过程中，喷射流在整个沉积面做往复扫描运动。若某次扫描时在某一位置产生沉积不均匀，则可能引起喷射流再次扫描时不均匀程度的加剧，严重时甚至引起管坯表面条带状凸起，管坯形状不规则。喷射流的沉积不均匀除引起形状不均匀之外，另一个影响是造成管坯组织结构不均匀，甚至因热量过于集中产生铸造化组织和裂纹。要使喷射流在沉积面沉积过后，沉积面形成厚度均匀的沉积物，则要求在扫描过程中每一点的沉积量相等，因而喷射流的扫描轨迹对沉积坯的形成非常重要。

工艺过程中雾化器的平移运动和基体旋转运动，使得扫描轨迹的变化较复杂。确保管坯沉积过程中沉积面厚度均匀的方法有两个：一是合理匹配雾化器平移速度与基体转速；二是保证基体下降速度与沉积速度相等。

湖南大学陈振华教授等人采用多层喷射成形技术成功制备了 $\phi400\text{mm}\times800\text{mm}\times115\text{mm}$ 的 Al-8.5Fe-1.3V-1.7Si 合金管坯，如图 7-13 所示。

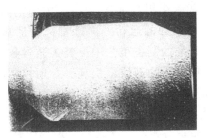

图 7-13　多层喷射成形 Al-8.5Fe-1.3V-1.7Si 合金管坯

7.3.3　多层喷射成形制备大尺寸板坯

1. 基本原理

传统的喷射成形工艺制备板坯，由于雾化器是固定的，导致沉积坯宽度方向厚薄不一，且难以制备宽厚板。采用改进后的扫描喷嘴，沉积坯的宽度方向板厚的均匀性得到了一定程度的改善，但因受到喷嘴摆动扫描范围的限制，板坯宽度难以进一步增大。

多层喷射成形制备板坯的装置如图 7-14 所示。其基本原理是：多层喷射成形制备板坯的过程中，雾化器在基体板上方沿板坯宽方向往复匀速直线运动，而基体板沿板坯长度方向匀速往复直线运动，两个运动的叠加使得喷射流在整个板坯表面上扫描沉积，形成沉积坯。

雾化器的运动是通过步进电动机带动齿轮，齿轮传动齿条这条传动链来驱动的。雾化器的运动距离、速度大小和往复运动是在计算机程序中设定的，并可以调整修改，雾化器运动距离的变化范围为 $0 \sim 10m$，雾化器运动速度的变化范围为 $0 \sim 20m/min$。

基体板的运动是通过钢丝绳卷筒结构的传动实现的，通过计算机控制电动机的正反转转速来调整基体板的往复运动速度。板坯的宽度和长度分别受喷射流扫描行程和基体板运动行程的限制，板坯的厚度取决于喷射流的流量和扫描

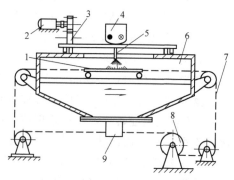

图 7-14　多层喷射成形制备板坯的装置
1—基体板　2—步进电动机　3—传动齿轮
4—坩埚　5—雾化喷嘴　6—沉积室
7—传动索　8—卷筒装置　9—排风口

次数。与传统喷射成形工艺相比较，在多层喷射成形制备板坯过程中，对设备的运动控制和设备规模的要求明显降低。

2. 工艺参数的确定

多层喷射成形制备板坯的原理与制备管坯原理类似。多层喷射成形制备板坯工艺中，雾化喷射流与沉积基体在相互垂直的 $x—y$ 方向上沿直线往复扫描。而制备管坯工艺中，喷射流与基体表面的运动方向垂直，只是基体做单向旋转运动。因此，在大尺寸耐热铝合金板坯的制备工艺中，其工艺参数可以参考管坯制备工艺。要得到板厚均匀且材料性能优异的高质量板坯，必须控制的工艺参数主要为三类，即雾化参数、沉积参数和形状控制参数，且三类参数相互关联。

（1）雾化参数　雾化参数主要影响着喷射流熔滴的粒径和温度。在确定板坯工艺参数时，往往是先确定部分雾化工艺参数，根据实验现象和结果再对其进行调整。根据管坯制备工艺，多层喷射成形制备 $1000mm \times 600mm \times 40mm$ 耐热铝合金板坯时，雾化气体压力可选定为 $0.9 \sim 1.0MPa$，熔体温度为 $940 \sim 960℃$，熔体液流直径为 $3.4 \sim 4.0mm$，喷射高度为 $150 \sim 250mm$。

（2）沉积工艺参数　喷射成形初期，雾化熔滴在基体上的沉积质量和形状直接影响到后续沉积层的形状，因此沉积工艺参数必须满足两个条件：一是熔滴与基

体表面的黏结，二是熔滴黏结凝固后不发生起翘脱落。这就要求基体必须预热，表面必须粗糙。

多层喷射成形大尺寸板坯制备过程中，由于板坯尺寸较大，为保证高温下基体板仍具有高的强度和刚度而不至于发生变形，基体板材质一般选用 45 钢板。熔滴在黏结凝固后的冷却过程中，可能因为沉积物与基体沉积坯上下部分的收缩程度不同，导致板坯变形起翘，造成脱黏现象。在制坯工艺中可以通过对基体加热，减小沉积层与基体温度差来减小界面的剪切应力，另外可选用较粗糙的沉积面增加结合强度。一般情况下，45 钢板加热到 400~600℃ 时，板坯可以保持形状规整，不发生起翘脱落。

同制备管坯工艺一样，多层喷射成形制备板坯的工艺中，喷射流在同一位置的两次扫描间隔时间很长，喷射流沉积时，沉积面为全固态，因此要获得高黏结效率，熔滴必须保持高液相分数，而熔滴要获得高液相分数，最有效的方法就是降低喷射高度。实验表明，制备板坯时，沉积高度在 150~250mm 时可以使熔滴获得较高的黏结效率（75%~90%）。

（3）形状控制参数　多层喷射成形制备大尺寸厚板工艺中，要使喷射流在沉积面形成厚度均匀的沉积层，控制喷射流的扫描运动轨迹是关键。由于雾化器和沉积基体是在 x、y 方向上同时运动的，所以两者运动速度的匹配直接影响着扫描轨迹。

假设基体板和雾化器分别以速度 v_s 和 v_a 沿 x、y 轴往复直线运动，运动周期分别为 T_s 和 T_a，其运动行程 L_s 和 L_a 分别决定了板坯的长度和宽度。为计算方便，假设从（0，0）坐标原点开始，喷射流的扫描轨迹方程可以表示为

$$\begin{cases} x = \dfrac{[1-(-1)^{n+1}]L_s}{2} - (-1)^n v_s[t-(n-1)T_s/2] \\ y = \dfrac{[1-(-1)^{m+1}]L_a}{2} - (-1)^m v_s[t-(m-1)T_a/2] \end{cases} \quad (n,m=1,2,3,\cdots) \quad (7-1)$$

在式（7-1）中，若 $nT_s/2 = mT_a/2$，则从（0，0）坐标原点开始，经过 $nT_s/2$ 的时间间隔后，喷射流沿同一轨迹运动（如图 7-15a 所示），从而容易使喷射流在沉积表面的局部区域过于集中，导致板坯表面出现厚度不均的现象，严重时在沉积面形成条带状沉积物。为消除这一现象，应该使 T_s 和 T_a 的最小公倍数尽可能大，以延迟扫描轨迹的重叠时间（如图 7-15b 所示）。因此，为消除因喷射流扫描轨迹重叠对板坯尺寸和微观结构带来的影响，扫描运动参数中，$nT_s \neq mT_a$，即

$$\frac{v_a}{v_s} \neq \frac{m}{n}\frac{L_a}{L_s} \quad (7-2)$$

另外，喷射流扫描过程中，雾化器沿 y 轴以匀速度 v_a 运动一个周期，喷射流在 x 轴方向平移的距离为 $v_s T_a$。同管坯形状控制一样，若 $v_s T_a = 2r_{0.5}$（$r_{0.5}$ 表示 1/2 半径，即圆柱坯或管坯的 1/4 直径），则每一次扫描后，在基体板表面可以形成厚

度均匀的薄层沉积物。因此，雾化器与基体的运动速度应满足以下关系：

$$v_s(2L_a/v_a) = 2r_{0.5}$$

即

$$v_s = r_{0.5}v_a/L_a \qquad\qquad (7-3)$$

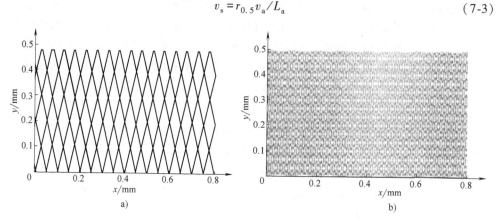

图 7-15　不同运动参数时喷射流扫描轨迹

a）$v_s = 0.05\text{m/s}$，$v_a = 0.2\text{m/s}$　b）$v_s = 0.039\text{m/s}$，$v_a = 0.21\text{m/s}$

7.3.4　多层喷射成形制备铝基复合材料

1. 基本原理

多层喷射成形制备铝基复合材料的装置如图 7-16 所示。其基本原理是：雾化喷嘴和坩埚一起移动，沉积坯的直径取决于雾化喷嘴移动距离；增强颗粒以一定的速度被送入雾化锥内，与被喷嘴雾化的液滴共同沉积在基板上，通过基板的旋转和下降的复合运动，使沉积坯成形。新的共沉积方法解决了国际上制备大尺寸铝基复合材料沉积坯的难题，目前已能制备了 $\phi800\text{mm} \times 1000\text{mm}$ 的复合材料沉积坯。这种大尺寸坯具有高的冷却速度（$10^3 \sim 10^4\text{K/s}$）、颗粒增强相均匀、基体为微晶状态等特点，其挤压坯和锻造坯具有优异的力学性能。

2. 颗粒输送装置

采用多层喷射成形技术制备大尺寸颗粒增强复合材料，增强颗粒相在沉积坯中的含量、分布，以及与其他相的结合方式，直接关系到喷射成形坯的组织和性能。因此，颗粒输送方式是多层喷射成形颗粒增强复合材

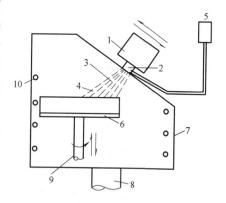

图 7-16　多层喷射成形制备铝基
复合材料的装置

1—移动坩埚　2—双环缝喷嘴　3—增强颗粒
4—金属喷射流　5—颗粒输送系统　6—基体
7—沉积室　8—排风口　9—旋转升降机构
10—水冷装置

料制备过程中的关键环节。

（1）双环缝复合雾化器　为了实现增强颗粒与熔液的共雾化沉积，湖南大学陈振华教授等人设计了一种双环缝复合雾化器，如图 7-17a 所示。该雾化器的主要结构参量为内环（送粉环缝）内径及缝宽、外环（雾化器环缝）内径及缝宽、雾化角。结构参数的调整优化对雾化沉积效果的影响如下：

1）内环内径。考虑石墨导液管的强度要求及插入的灵活性，内环内径要大；为了保证外环的雾化效果，又要求尽可能减小内环内径，因此两者必须协调，喷射成形铝合金复合材料时，内环内径通常取 $\phi12 \sim \phi25mm$。

2）内环缝宽。内环缝宽的尺寸首先需满足输送颗粒增强相通畅的要求，出口面积应足够大，阻力小。但为了增强相输送系统能够形成负压引流输送，又同时为了保证外环雾化效果，减小气流汇聚点离出口距离，环缝又要尽量减小。喷射成形铝合金复合材料时，内环缝宽一般为 0.3 ~ 1.5mm。

3）外环内径。外环内径取决于内环内径及缝宽。为了保证雾化效果，外环内径应尽可能小。

4）外环缝宽。由于气体流量受供气系统能力限制，往往处于一恒定值，不可能过大。环缝越小，气体压力越大，但气体流量减小；环缝越大，气体压力越小，但气体流量增大。喷射成形制备铝合金复合材料时，外环缝宽一般取 0.2 ~ 1.0mm。

5）雾化角。雾化角的大小直接决定了喷射成形过程中雾化锥的形状，从而影响到喷射的高度。通常雾化角增大有利于雾化效果提高，减小粉末粒度，同时有利于增强颗粒的加入和捕获，但角度过大容易堵嘴。

（2）螺杆给料负压引流输送装置　螺杆给料负压引流装置如图 7-17b 所示。该装置的工作原理是：料罐为非密封装置，增强颗粒从斜导板以松装状态加入罐内，增强颗粒能够从罐口补充，可实现数百千克增强颗粒的连续定量输送，用以制备大尺寸的颗粒增强复合材料。增强颗粒通过螺杆给料系统定量输送，每分钟输送流量可控制在±2% 偏差以内。颗粒送出后进入负压室，被负压结构与高速惰性气体流产生的负压全部吸入输送管道和喷嘴，通过双环喷嘴，颗粒与熔体共同雾化和沉积。

（3）插管辅助送粉装置　为提高金属基复合材料的颗粒增强相的体积分数，可以采用插管法作为辅助方法，如图 7-17c 所示。采用两套螺杆给料负压引流系统，其中一套连接双环雾化器，另一套连接两个喷射管（插管），两个喷射管所产生的带压力的颗粒流喷入双环雾化器产生的雾化锥中。

3. 工艺参数的确定

要制备出增强颗粒分布均匀、颗粒与基体结合良好的高性能喷射成形复合材料，正确控制金属液流量、采用合适的颗粒输送气压是非常关键的工艺环节，这将直接决定增强颗粒与基体的结合状况。下面以喷射成形 SiC 颗粒增强铝基复合材料为例，来分析相关工艺参数对沉积坯组织和性能的影响。

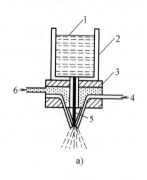 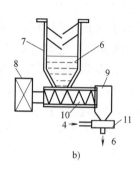 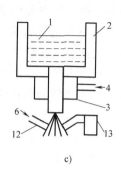

图 7-17　颗粒增强相的加入装置

a）双环缝复合雾化器　b）螺杆给料负压引流输送装置　c）插管辅助送粉装置
1—熔体　2—坩埚　3—喷嘴　4—惰性气体　5—液柱　6—增强颗粒　7—料斗　8—调速电动机
9—前置室　10—螺杆机构　11—负压器　12—插管　13—螺杆负压引流装置

（1）金属液流量　金属液流量的大小主要由导液管孔径来决定，同时也会受到其他工艺参数及装置结构等因素的影响。金属液流量的大小常采用测量料重及喷射时间的方法来确定，以避免其他因素的影响。SiC 颗粒的输送流量主要由螺杆转速来控制，为方便对比不同批次沉积坯中 SiC 颗粒的含量，常参照螺杆的转速。

喷射成形铝基复合材料沉积坯中 SiC 含量与金属液流量的关系见表 7-3。虽然所制备沉积坯的 SiC 设计含量接近，但实测 SiC 含量随着金属液流量的增加大大降低。当金属液流量为 2.61kg/min 时，测得 SiC 含量高达 24.6% 左右；而金属液流量增至 4.41kg/min 时，测得 SiC 含量降低到 14.0% 左右。

表 7-3　喷射成形铝基复合材料沉积坯中 SiC 含量与金属液流量的关系

沉积坯编号	实测 SiC 含量（质量分数，%）	设计 SiC 含量（质量分数，%）	金属液流量/（kg/min）	SiC 流量/（kg/min）	导流管孔径/mm	螺杆转速/（r/min）	SiC 捕获率（%）
1	24.6±0.9	14.7	2.61	0.45	3.0	200	96.2
2	16.9±0.6	16.1	4.26	0.82	3.4	400	60.0
3	14.0±1.3	18.6	4.41	1.01	3.8	500	42.9

出现这种现象的原因可能是：由于液流量与 SiC 输送流量的增加，雾化焦点附近 SiC 颗粒流与液流交互作用区内 SiC 与液滴浓度过大，外层的 SiC 颗粒无法射入液流区内部与液滴发生碰撞捕获，而外围的液滴则由于表面捕获 SiC 过多，影响后续到来的 SiC 颗粒的捕获。因此，许多 SiC 颗粒被外围液滴弹开或根本未靠近液流区便被反弹的颗粒弹离交互作用区，导致捕获率大大下降。由此可见，雾化焦点附近的交互作用区是双环雾化法加入 SiC 的主要捕获区。

沿喷射成形铝基复合材料沉积坯径向，从中心至边缘取 4 个等间距位置点取样进行成分分析，测定 SiC 含量，分析 SiC 在整个沉积坯中的宏观分布均匀性。

φ300mm 沉积坯径向取样位置如图 7-18 所示，各取样位置的 SiC 含量分布见表 7-4。由此可见，不同工艺参数条件制备的沉积坯中沿径向各位置点 SiC 含量偏差都很小，SiC 能实现宏观均匀分布。由于复合雾化器沿径向扫描沉积，因此即使 SiC 颗粒在雾化锥截面中分布不均，多层扫描沉积的结果也能使沉积坯中 SiC 颗粒宏观分布均匀。

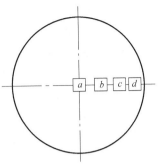

图 7-18　φ300mm 沉积坯径向取样位置

（2）颗粒输送气压　多层喷射成形铝基复合材料的过程中，SiC 颗粒的输送气压对其捕获率的影响见表 7-5。由表 7-5 可见，随着 SiC 输送气压的增加，沉积坯中 SiC 实测含量及估算的 SiC 捕获率都有所增加。这可能是由于输送气压增大使 SiC 插入液滴的动能增大，有利于 SiC 颗粒尤其是小尺寸颗粒的捕获。

表 7-4　φ300mm 沉积坯径向各取样位置的 SiC 含量分布

取样位置点		a	b	c	d	最大偏差
SiC 含量 （质量分数，%）	1#沉积坯	25.05	25.10	25.05	23.24	1.86
	2#沉积坯	16.67	17.49	16.28	16.97	1.21
	3#沉积坯	12.33	14.46	14.97	14.20	2.64

表 7-5　SiC 颗粒输送气压对其捕获的影响

沉积坯编号	实测 SiC 含量 （质量分数，%）	SiC 捕获率估算 （%）	SiC 输送气压 /MPa	金属液流量 /(kg/min)	SiC 流量 /(kg/min)	螺杆转速 /(r/min)
1#	12.8±1.1	63.5	0.4	3.53	0.45	200
2#	14.2±0.8	77.5	0.7	3.74	0.45	200

不同输送气压制备的沉积坯中 SiC 颗粒分布的显微照片如图 7-19 所示。由图 7-19 可见，SiC 颗粒的微观分布也是基本上均匀一致的。

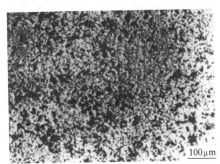

试样1

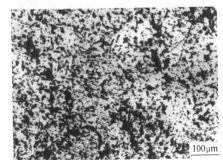

试样2

图 7-19　沉积坯中 SiC 颗粒分布的显微照片

（3）SiC 颗粒与基体的结合状态 在外力作用下，铝基复合材料所承受的载荷是由基体合金与增强相共同承担的。由于增强相弹性模量高，对塑性基体的变形起限制作用，载荷通常通过基体与增强相之间的结合界面进行传递，因而界面结合的好坏直接影响着复合材料的性能。

在颗粒增强铝基复合材料制备中，增强相与基体在高温下容易发生有害界面反应生成 Al_4C_3 相，会大大削弱界面的结合强度。采用多层喷射成形技术能很好地解决增强相与基体之间的有害反应，这是因为：

1）喷射共沉积工艺凝固速度快，高温停留时间很短，界面反应来不及进行。LeeJae-chul 等人研究了 2024Al/SiCp 低硅含量铝基复合材料界面反应的热力学趋势，通过对多种制备工艺的比较，证明制备平衡温度在 560℃ 左右（固相线附近）的喷射共沉积工艺界面反应不会发生。

2）多层喷射成形工艺与传统工艺比较，冷却速度更高，沉积坯温度为 300～400℃，因而从理论上来说界面反应是更不可能发生的。

除多层喷射成形工艺自身特性外，还可以从以下两个方面来改善颗粒与基体的结合状态：

1）对 SiC 颗粒进行预处理。对 SiC 表面进行酸洗、包覆或氧化等预处理，以改善 SiC 与铝基体的润湿性，减小界面反应趋势，增强 SiC 与基体的结合强度。该方法的缺点是制备成本会大大提高。

2）对 SiC 颗粒进行干燥处理。SiC 颗粒表面吸附的水分将对沉积坯的组织造成较大的影响。在喷射成形过程中 SiC 颗粒表面的水分会迅速汽化，进而在沉积坯中形成孔洞，导致 SiC 颗粒与基体结合不紧密，界面常有较多空隙。实践表明，经 200℃ 预热干燥处理的 SiC 加入后绝大部分能与基体紧密结合，并能增强界面传热的传热效果，进而提高沉积坯的凝固速度，从而得到良好的结合界面。同时，SiC 加入温度的提高也有利于 SiC 与铝基体的润湿性，减小 SiC 射入液滴的阻力，改善界面结合状态。SiC 颗粒干燥处理对基体结合状态的影响如图 7-20 所示。

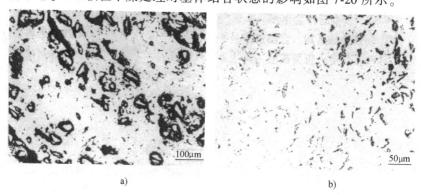

a)   b)

图 7-20 SiC 颗粒干燥处理对基体结合状态的影响

a）SiC 颗粒加入前未干燥处理 b）SiC 颗粒经 200℃ 干燥处理后加入

7.4　多层喷射成形技术的特点

综上所述，多层喷射成形技术与传统喷射成形技术相比具有如下特点：

1）冷却速度高。由于沉积坯是沉积物多层合成的，每层沉积物的厚度比传统喷射成形工艺的要小得多，同时沉积坯表面的温度控制得较低，雾化液滴碰撞至沉积坯表面的瞬间即急冷凝固，因而沉积坯的冷凝速度高于传统喷射成形坯的冷却速度，可达 $10^4 K/s$，真正起到了喷射成形和快速冷凝的双重效果，可以获得快速凝固组织。

2）沉积坯为雾化器往复扫描、喷射成形而成，管坯尺寸可以制得很厚，并且冷凝速度不受影响。在圆锭坯的制备中，由于雾化器的行程可调，移动范围很大，因而锭坯的直径可以很大，并且采用一般的雾化喷嘴即可，无须应用特殊的摆动扫描喷嘴或多个喷嘴，工艺操作也简单得多。同时由于热应力较小，大尺寸坯的开裂倾向比传统喷射成形及铸造工艺要小得多。

3）多层喷射成形工艺在制备金属/陶瓷复合材料、梯度材料、互不固溶的双金属材料及其他特殊材料方面有很大的优越性。由于是多层沉积，所制备的各种复合材料均匀性非常好。

4）多层喷射成形装置的制造成本和沉积坯生产成本较低，能连续作业，工艺简单，操作方便，可一机多用，系统能耗低，安全可靠，是一种适合工业规模生产的大尺寸近形快速凝固沉积坯装置，通过进一步完善有望迅速应用于商业化生产。

总的来说，多层喷射成形技术与装置是我国学者在喷射成形领域中取得的重要知识产权，对我国金属材料制备科学技术的发展具有十分重要的意义。多层喷射成形技术在金属颗粒的沉积轨迹、黏结方式、凝固规律及工艺特点上与传统喷射成形技术有明显区别。多层喷射成形装置是一种制备大尺寸快速凝固近形坯件的理想装置。

第8章

喷射成形坯的成形方法

8.1 概述

多层喷射成形坯的密度一般为理论密度的 90% 左右，坯料中存在微孔，熔滴之间、熔滴与层界面均未达到完全的冶金结合，直接使用性能较差，因此必须对沉积坯进行有效的热致密化加工，尽量消除坯件的界面和孔洞，以获得所需形状和尺寸的高性能材料。采用传统的喷射成形工艺，即使完全达到理论密度的喷射成形锭坯，由于颗粒之间存在着氧化薄膜，颗粒边界也没有完全冶金结合，不经后续变形，所以这种材料性能仍然很低。因此喷射成形坯的后续成形加工是一件非常重要的工作，直接影响喷射成形材料的性能。

从某种程度上来说，喷射成形材料就是一种多孔材料，因此沉积坯的后续致密化变形也类似于多孔材料的变形。在多孔金属及合金预成形坯变形方面，由于多孔坯由基体金属和孔隙组成，基体金属又由一些不连接的或弱连接的单独颗粒或团粒所组成，颗粒间存在氧化膜。多孔金属在变形时同时产生塑性变形与致密化，与致密金属塑性变形的微观结构相比，具有不同的特点。致密金属塑性变形的微观结构主要是金属晶体的位错运动；而多孔预成形坯塑性变形与致密化是颗粒填充位移、颗粒弹性变形和塑性变形、孔隙变形的综合结果。多孔坯变形时不仅颗粒形状改变，而且体积变化很大，它是一种变形程度非常大的变形，变形遵循质量不变条件：

$$\mathrm{d}\varepsilon_1 + \mathrm{d}\varepsilon_2 + \mathrm{d}\varepsilon_3 + \frac{\mathrm{d}\rho}{\rho} = 0 \tag{8-1}$$

式中，ε_1、ε_2、ε_3 分别为坯料沿三个方向变形的应变；ρ 为坯料密度。

一般来说，喷射成形坯的成形加工包含致密化和塑性变形两部分。常用的成形方法有传统成形方法和特殊成形方法两种。

传统成形方法主要是指采用挤压、锻造和轧制等常规工艺来加工坯料的方法。喷射成形由于存在一定的孔隙和颗粒存在氧化膜，它和粉末材料一样对拉应力比较敏感，并且拉应变和压应变之比超过断裂应变时易产生裂纹。对于喷射成形坯来说，同样是三向不等值的压缩应力对塑性变形最有利。在挤压筒内挤压和在锻模内模锻均属于这种应力状态。而自由锻造和轧制则要考虑横向应变不要太大，否则容易开裂。但是横向应变较小，剪切变形较小，则不利于喷射成形坯的性能提高。虽然挤压成形使材料的均匀性受到影响，但仍然是最好的热致密化方法。随着喷射成形坯的增大，对挤压机和锻压机的吨位要求增大，大型的喷射成形坯需用万吨以上的挤压机或锻压机，这样的设备非常昂贵，在很多工厂里这样的条件往往是不具备的。因此，急需用特殊的热加工方法来解决大型喷射成形坯的热致密化和塑性变形问题。

特殊成形方法主要是指采用楔压、旋压、环轧和摆辗等特殊工艺来加工坯料的方法。这些方法的特点是采用比较小的压力来加工坯料的局部区域，采用多次变形来代替一次变形，采用累积的局部变形来实现整体变形。

8.2　挤压成形

挤压变形时，变形区内的应力状态为三向压应力，即径向应力 σ_k、周向应力 σ_θ 和轴向应力 σ_e；变形状态为两向压缩（即径向变形和切向变形）和一向延伸（轴向变形）。变形区的这种应力应变状态对喷射成形坯中孔洞和界面的愈合非常有利。因此采用挤压成形方法有利于提高产品质量、生产率和降低成本。本节以挤压喷射成形耐热铝合金管为例来分析挤压成形的工艺和规程。

8.2.1　挤压力

喷射成形耐热铝合金在较高温度下可以保持稳定的性能，对其高温条件下的使用来说是非常有利的，但这也给材料的挤压成形带来了困难。材料高温变形抗力大，加之所需管材尺寸较大，因此需要较大的设备能力和较好的加工工艺。目前，世界上最大挤压机的公称压力为 264.6MN，我国最大挤压机在西南铝加工厂，公称压力为 125MN。

在挤压机设备能力一定的条件下，要获得大直径高性能挤压管材，必须控制挤压工艺参数。首先将挤压力控制在允许的范围之内，使管坯能从挤压模挤出；然后保证管材成形，避免或尽量减少挤压几何尺寸缺陷、表面质量缺陷、宏观组织和力学性能方面的缺陷。因此确定挤压工艺时，必须首先估算管坯的挤压力。

计算挤压力的公式很多，其中一种比较简便易行的公式如下：

$$P = \beta A_0 \sigma_0 \ln\lambda + \mu\sigma_0 \pi (D+d) L \tag{8-2}$$

式中，P 为挤压力；A_0 为挤压筒减挤压针面积；σ_0 为合金变形抗力，与温度、变形速度等有关；λ 为挤压系数，即挤压前后管坯（管材）截面积之比；μ 为摩擦因数，$\mu = 1/\sqrt{3}$；D，d 分别为挤压筒、挤压针直径；β 为修正系数，$\beta = 1.3 \sim 1.5$，软合金取下限，硬合金取上限。由该公式可以看出在诸多参数中，直接影响着挤压力大小的工艺参数是挤压温度、挤压系数、管坯尺寸和挤压过程中的润滑等。

8.2.2　挤压工艺

1. 坯料加热温度

加热温度和保温时间对喷射成形耐热铝合金析出相的影响很大。随着坯料加热温度的提高，耐热铝合金中的析出相 $Al_{12}(Fe, V)_3Si$ 不断粗化，导致材料的屈服强度、断后伸长率和断裂韧度明显降低。由此可见，提高坯料加热温度有利于降低挤压力，但不利于材料的性能。在不同挤压温度时喷射成形 FVS0812 合金挤压管材的力学性能如表 8-1 所示。

表 8-1　在不同挤压温度时喷射成形 FVS0812 合金挤压管材的力学性能

挤压温度 /℃	25℃拉伸性能			350℃拉伸性能		
	规定塑性延伸强度 $R_{p0.2}$/MPa	抗拉强度 R_m/MPa	断后伸长率 A(%)	规定塑性延伸强度 $R_{p0.2}$/MPa	抗拉强度 R_m/MPa	断后伸长率 A(%)
460	341	440	9.8	207	234	8.6
480	329	415	8.9	165	188	7.6
500	153	350	12.8	103	124	12.4
520	143	332	11.5	80	111	10.4

虽然耐热铝合金挤压时，降低挤压温度有利于得到高性能材料，但是在 460℃ 左右挤压小管坯时，经常遇到的现象就是挤压力过大，管坯无法挤出。因此在现有设备条件下，如何保证管材成形是确定挤压温度时必须考虑的问题。一般情况下，确定沉积坯的加热温度，往往综合考虑挤压力和性能之间的利害关系，根据现有条件和实际需要来确定。

2. 挤压系数

挤压系数的大小对产品的组织、性能和生产率有很大的影响。挤压系数过大，则锭坯的长度不能太长，几何废料增加，挤压力增大；挤压系数过小，金属组织变形程度小，力学性能达不到要求。因此，挤压系数的选择必须合理。一般的常规铝合金管坯用挤压针法挤压管材时，若挤压管材是作为中间毛料，挤压系数不受组织和性能的限制，一般为 10 左右。若管材为厚壁管材成品，为保证制品的内部组织和性能，挤压系数不应小于 8。

多层喷射成形制备的耐热铝合金管坯，从提高材料性能方面考虑，提高挤压比，可以增加管坯的变形程度，有利于微孔的愈合和界面的焊合。但是，由于材料的高温变形抗力过高，挤压比为 4.9 左右时，即已接近挤压机极限能力。再加上管坯的尺寸要求和工模具的配套，管坯挤压系数的选择只能为 $\lambda < 5.0$。

3. 挤压速度

挤压速度是指金属制品流出模孔的速度。如何确定某种材料的挤压速度是一个十分复杂的问题，因为挤压速度的影响因素较多，如合金型号、状态、毛料尺寸、挤压方法、挤压力、挤压温度等多种因素。

挤压速度的选择原则是：在保证制品不产生表面裂纹、毛刺、扭拧、弯曲等缺陷的前提下，当挤压机能力允许时，速度越快越好。在通常挤压过程中，制品外形尺寸、挤压管尺寸的增加均会降低挤压速度；挤压温度越高，挤压速度越低；为避免管材表面毛刺、裂纹等缺陷，应降低挤压速度。

喷射成形耐热铝合金管坯的尺寸、挤压管尺寸均较大，挤压力高，而且挤压过程中管材易开裂。因此，可以选择较低的挤压速度，在 $0.2\sim0.4\text{m/min}$ 的范围内视挤压情况进行调节。

4. 润滑

喷射成形材料由于具有较高的强度和硬度，所以在挤压过程中常出现闷车现象。因此挤压过程中对坯料和挤压筒进行有效润滑以减小摩擦因数，是非常必要的。同时，对挤压针等工模具进行适当润滑，也有利于获得表面质量好的管材。

喷射成形耐热铝合金管坯挤压时，采用的润滑方式主要有以下两种：

（1）固体润滑 为减小耐热铝合金管坯与挤压筒、挤压针之间的摩擦，在管坯内、外表面均包（垫）有纯铝或强度低、塑性好的铝合金包套。在管坯制备时，基体管可采用纯铝管，从而可免去脱模工艺。另外，管坯外表面也用纯铝管包覆，纯铝管的壁厚为 $8\sim12\text{mm}$。

（2）润滑剂 挤压模和挤压针均用润滑剂涂抹均匀，以保证挤压针和金属之间有一层良好的润滑膜。润滑剂（质量分数）采用 75% 石墨 + 25% 全损耗系统用油。

8.2.3 挤压规程

根据以上对工艺参数的分析和主要工艺参数的确定，多层喷射成形耐热铝合金管坯的挤压操作规程如下：

1）挤压之前把挤压针、挤压模、垫片等工具预先在专用加热炉中加热。挤压筒温度加热到 $480℃\pm10℃$，挤压模、挤压针加热温度为不低于 $380℃$，垫片加热温度为 $400℃$。

2）管坯预先在加热炉中进行低温长时、高温短时分级加热，加热工艺为：$400℃\times4h\rightarrow450℃\times6h\rightarrow480℃\times2h$。

3）挤压前，挤压针和挤压模应使用润滑剂涂抹均匀，并防止润滑剂滴入挤压筒内。

4）管坯料装入挤压筒时，应防止包套脱落或错位。

5）挤压时，应慢速上压，以防断针，挤压速度控制在 0.2~0.4m/min，视挤压情况调节挤压速度。

6）挤压后，立即将挤压管放入退火炉中进行去应力退火，退火工艺为：350℃×3h，随炉冷却。

按照以上挤压工艺参数和挤压操作规程获得的喷射成形耐热铝合金挤压管材如图 8-1 所示。挤压管仅在头部有一小段开裂，中间部分形状、尺寸和表面质量均较好。

图 8-1　喷射成形耐热铝合金挤压管材

8.3　轧制成形

对喷射成形板坯进行后续致密化加工最经济的工艺方法就是直接轧制，但在技术上存在较大难度。这是由于喷射成形板坯直接轧制非常容易开裂，特别是板坯密度越低，轧制变形越容易产生裂纹。多层喷射成形板坯轧制时易出现裂纹的原因主要有：

1）坯料是介于松散介质与连续致密体之间的一种结合状态，多孔洞，其变形时有致密化与塑性变形两个阶段。变形前期主要发生致密化，塑性变形很小，颗粒缺乏良好的冶金结合。颗粒间的氧化膜为脆硬相，在致密化过程中破碎、重分布。在这个阶段，在氧化物碎片的边界容易产生孔洞。

2）坯料原始相对密度为 90% 左右，颗粒在喷射成形过程中形成较多的孔洞。孔洞在致密化阶段不断变形、塌陷、消失。在此过程中，材料对拉应力极其敏感，拉应力易使坯料原始孔洞、氧化物碎片上的新生孔洞扩大，孔洞之间贯通形成裂纹，最终造成宏观断裂。

3）辊面及送料台是冷的，对加热的坯料表面有淬冷作用，造成变形时材料表面温度急剧下降，变形抗力上升而塑性降低。材料较厚时中间温度较高，因此变形时在材料表面层易形成附加拉应力。当拉应力超过材料的抗拉强度时，表面就会产生横向细密的裂纹，特别是贴近送料板的下表面，由于温度大于上表面，表面裂纹较上表面严重些。

目前通常采用挤压后再轧制的方法对其进行板坯的后续塑性加工。挤压过程为材料的变形提供了良好的条件，即较好的三向压应力，能促进孔洞发生变形、塌陷、闭合，阻止裂纹的生成与扩展，最大限度地发挥材料的塑性；另外，热挤压过程中的摩擦力能分解出一个剪应力分力，使粉末颗粒发生剪切变形，破坏颗粒边界上的氧化膜，促进粉末之间的冶金结合。

喷射成形坯挤压后的密度已达理论密度，其后续轧制变形工艺与传统轧制工艺没有本质区别，在此不再重述，下面仅介绍几种喷射成形坯直接轧制的工艺方法。

8.3.1　包套轧制

包套轧制方案如图 8-2 所示。包套的材料主要为纯铝和不锈钢薄片。通过对比不同包套方案下的轧制喷射成形耐热铝合金坯发现：

1）当采用不同厚度（1.2mm、1.7mm、2.4mm）纯铝包套，沉积坯轧制变形 30% 时发现：包铝厚为 1.2mm 的坯料表面有少许裂纹，边裂较严重；包铝厚为 2.4mm 的坯料裂边严重，表面裂纹多；包铝厚为 1.7mm 的坯料仅出现少量边裂。

2）在相同的轧制条件下，包不锈钢的轧件相对于包纯铝的轧件表面质量更好。这是由于不锈钢表面与铝不黏结，相比轧件更难以变形，对轧件表面及侧边形成较强的压应力作用，因此表面质量好，有金属光泽，几乎无边裂。

3）采用内不锈钢外铝的复合包套，轧件表面质量较好，边裂也少，但变形程度较大时，会有表面细密的横向裂纹产生，外层铝仅起保温作用。采用内铝外不锈钢的复合包套，内部铝层可以阻止表面及边部裂纹的扩展，外层不锈钢可以有效地保温及限制扩展，但是剥去铝层时较困难，且有时会影响表面质量。

4）采用多层铝包套多道次轧制，累计变形达 66% 时，观察到轧件两侧裂边严重，刨去表层铝可以看到有少许裂纹，铝陷入其中。

5）采用内铝外不锈钢的多层包套，并多道次轧制，累计变形达 66% 时，可以观察到轧件裂边较少，表面裂纹少且浅，有纯铝嵌入其中。不锈钢层有阻碍铝层延伸的作用，改善了纯铝包套时厚向内凹的变形不均匀性，随包铝层厚度的增加，轧件纵向端面会由微突形转变为平直端面。

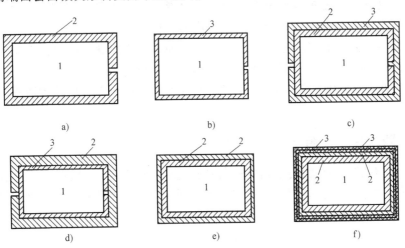

图 8-2　包套轧制方案

a）纯铝包套　b）不锈钢包套　c）内铝外不锈钢的复合包套　d）内不锈钢外铝的复合包套

e）多层铝包套　f）内铝外不锈钢的多层包套

1—锭坯　2—铝套　3—不锈钢套

137

8.3.2 外框限制轧制

外框限制轧制是指通过分散小面积压制变形来实现较大面积变形的多孔材料的连续变形过程。外框限制轧制工艺实际上是在轧机上实现的喷射成形材料的连续模压过程。其变形的一个主要特点是可以在较小吨位的轧机上实现大吨位压力机上才能实现的多孔材料的致密化压缩变形。外框限制轧制变形的装置如图 8-3 所示。

外框限制轧制的本质是轧制压力通过压制模冲传递给喷射成形坯使之致密和变形，如果喷射成形坯全部充满外框模，则轧制转换为压制，在保证坯料不开裂的基础上可以精确设置周边间隙，以保证坯料的充分变形。采用此装置，理论上可将一无限长的条材致密化，在轧制压力为 1.2MPa 的轧机上使 400mm×1000mm×10mm 板条致密化，相当于传统轧制中 50MPa 压力机的轧制效果。

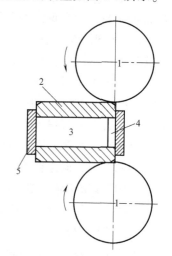

图 8-3　外框限制轧制的装置
1—轧辊　2—压制模冲　3—沉积坯
4—坯与外框模间隙　5—外框模

外框限制轧制工艺在喷射成形多孔材料轧制方面的优越性有：

1）有效提高了喷射成形多孔材料的轧制致密化速度。

2）减小了由于轧制过程中的温降和外摩擦而造成的变形不均匀。

3）有效避免了轧制过程中表面裂纹、边裂和壁头的形成。采用外框限制轧制时，喷射成形材料在变形量达到 49.5% 时仍不会形成表面裂纹；而在常规轧制变形中，当轧制变形量为 26.5% 时轧件表面就已经出现较多细密的横向裂纹。

4）与外框限制压缩变形相比，可以在较小吨位的轧机上实现较大面积的致密化变形。

8.3.3 陶粒包覆轧制

陶粒包覆轧制是指将多孔材料包覆在陶瓷颗粒（陶粒）介质中，通过对陶粒介质加载，并将压力传递到压制工件上，可以使工件被压制成近净形产品，并且达到完全致密的一种轧制工艺。喷射成形多孔板坯陶粒包覆轧制工艺过程如图 8-4 所示。

陶粒包覆轧制的一个显著特点是，在陶粒包覆轧制变形初期，轧件横向变形和纵向变形与常规轧制相比有所增加，这是因为：

1）陶粒介质的存在减小了外摩擦对金属横向和纵向流动的阻碍作用。

2）轧制变形初期多孔材料主要发生致密化压实，横向和纵向变形较小，而且

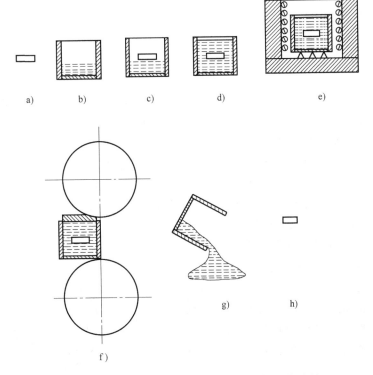

图 8-4 喷射成形多孔板坯陶粒包覆轧制工艺过程

a）喷射成形坯料 b）钢模内部分装上陶粒介质 c）、d）坯料被包裹在陶粒介质里
e）加热到轧制温度 f）装入上压头、轧制 g）陶粒介质与工件分离 h）轧制后的工件

陶粒介质本身有较大的空隙，因此陶粒介质对金属流动的阻碍作用不明显。当变形达到一定程度以后（约 30%），陶粒介质对金属流动的阻碍作用大大增强，轧件的纵向变形明显小于常规轧制，这一工艺特点在改善多孔材料轧制成形性能、减小和防止裂纹形成方面具有重要作用。

在陶粒包覆轧制工艺中，在裂纹形成阶段，由于多孔材料的延伸变形明显小于常规轧制，从而减小了促使裂纹形成的拉应变，有利于材料的致密化进程，减小和避免表面裂纹的消除和扩展。实验表明，采用陶粒包覆轧制时，喷射成形材料在变形量达到 60% 时仍不会形成表面裂纹；而在常规轧制变形中，当轧制变形量为 26.5% 时，轧件表面就已经出现较多细密的横向裂纹。另外，陶粒介质在轧制过程中的保温作用，也是提高多孔材料轧制性能的重要因素之一。

陶粒介质的特性将直接影响喷射成形多孔材料的轧制变形行为。陶粒介质的特性主要包括陶粒形状、粒度及粒度分布，高温下的硬度和强度，与被压制材料之间的化学稳定性，抗烧结性能和抗断裂性能等。选择合适的陶粒介质，优化轧制工艺，喷射成形多孔材料可以直接进行陶粒包覆轧制变形制备薄板。

8.4 环轧和摆辗

8.4.1 环轧

环件轧制又称环件辗扩或扩孔，简称环轧，是指借助环件轧制设备使环件产生壁厚减小、直径扩大、截面轮廓成形的塑性加工工艺。环件轧制是连续局部塑性加工成形工艺，与整体模锻成形工艺相比，它具有大幅度降低设备吨位和减少投资、振动冲击小、节能节材、生产成本低等显著的技术经济优点，能够制备轴承环、齿轮环、法兰环、火车车轮及轮箍、燃气轮机环等各类无缝环件，广泛应用在机械、汽车、火车、船舶、石油化工、航空航天、原子能等许多工业领域。

喷射成形环形坯的径向轧制装置如图 8-5 所示。其工作原理是：在驱动辊作用下，环件通过驱动辊与芯辊构成的轧制孔型产生连续局部塑性变形，使环件壁厚减小、直径扩大、截面轮廓成形。环件径向轧制设备结构简单，广泛地用于中小型环件轧制生产，但轧制的环件端面质量难以保证，环件端面常有凹坑缺陷。

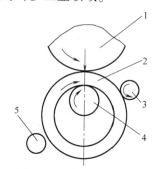

图 8-5 喷射成形环形坯的径向轧制装置
1—驱动辊 2—环件 3—导向辊
4—芯辊 5—信号辊

为了改善轧制环件的端面质量、轧制成形复杂截面轮廓的环件，在径向环件轧制设备的基础上，增加一对轴向端面轧辊，对环件的径向和轴向同时进行轧制，即径-轴向轧制。喷射成形环形坯的径-轴向轧制装置如图 8-6 所示。其工作原理是：驱动辊做旋转轧制运动，芯辊做径向直线进给运动，端面轧辊做旋转端面轧制运动和轴向进给运动，这样使得径向轧制产生的环件端面凹陷再经过轴向端面轧制而得以修复平整，且轴向端面轧制还可使环件获得复杂的截面轮廓形状。在径-轴向轧制中，环件产生径向壁厚减小、轴向高度减小、内外直径扩大、截面轮廓成形的连续局部塑性变形。环轧机对多孔坯进行加工时，初期主要是多孔材料的致密化，虽然环件使坯料有较大的横向变形，其氧化物得到充分破碎，但是横向变形太大，坯料容易开裂。

陈振华教授等对喷射成形坯进行了环轧研究，发现当环轧温度和压下量充分控制后，经环轧的坯料氧化物充分破碎，坯料达到完全致密，并且可以达到挤压、锻造和轧制等工艺同样的致密化效果。

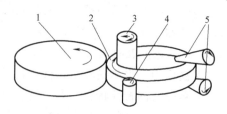

图 8-6 喷射成形环形坯的径-轴向轧制装置
1—驱动辊 2—环件 3—芯辊
4—导向辊 5—端面导辊

8.4.2　摆辗

摆动辗压又称旋转锻造、轨道成形、摇动锻造等，简称摆辗，是 20 世纪 60 年代发展起来的金属压力加工工艺。

摆动辗压是利用圆锥形凸模对坯件的一部分表面加压，随着凸模绕回转中心的滚动，这部分加压区沿着毛坯圆周连续回转，使坯件逐步产生变形并被压入模腔而最终成形的一种锻压新工艺。摆辗的装置如图 8-7 所示。其工作原理是：凸模的圆锥母线沿坯件的端面进行滚辗，凸模的中心线 OZ 绕机器的中心线 ON 旋转，而放在凹模内的坯件在液压缸活塞的推动下做轴向移动。坯件的这一端面沿空间螺旋面连续地逐步成形。凸模与坯件之间逐步接触，其接触区域（图中的阴影部分）由凸模锥面和沉积坯变形的螺旋面相交而成。

摆动辗压的突出特点是以连续的局部变形代替普通锻造工艺的整体变形，其辗压力仅是普通锻造工艺的 1/15 ~ 1/10，因此可以用小设备辗压较大的坯件。摆辗工艺可以改善坯件的质量，提高尺寸精度，减少材料消耗，摆动过程中振动和噪声很小，是一种很有发展前途的新工艺。

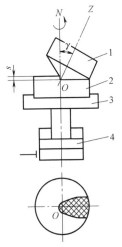

图 8-7　摆辗的装置
1—凸模　2—坯件
3—凹模　4—液压缸活塞

陈振华教授等采用摆动辗压对喷射成形坯进行热加工和致密化，喷射成形坯在摆动辗压下，颗粒塑性变形大，氧化物能够得到充分破碎，完全达到挤、锻、轧的效果。

8.5　旋压成形

旋压成形是一种综合了锻造、挤压、环轧、拉伸、弯曲和滚压等工艺特点的少或无切屑加工的先进制造工艺，它适用于各种薄壁空心回转体零件的加工成形，具有广阔的应用前景。

8.5.1　旋压的分类

旋压成形是指借助于旋轮等工具的进给运动，加压于待成形的金属毛坯，使其产生连续的局部塑性变形而成为所需空心零件的一种少或无切屑的先进制造工艺。旋压主要包括普通旋压（不变薄旋压）和强力旋压（变薄旋压）两种。在旋压过程中，改变毛坯的形状、尺寸和性能，而毛坯厚度不变或有少许变化的成形方法称为普通旋压（如图 8-8a 所示）；在旋压过程中，不但改变毛坯的形状、尺寸和性能，而且显著地改变其壁厚（减薄）的成形方法称为强力旋压。强力旋压中又包括锥形件剪切旋压（如图 8-8b 所示）和筒形件流动旋压。按照变形金属流动方向与旋轮进给运动方向是否一致，将筒形件旋压运动方式分为正旋（如图 8-8c 所示）和反旋（如图 8-8d 所示）两种。

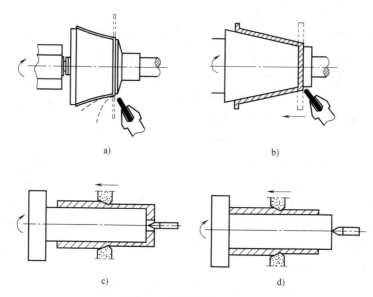

图 8-8　筒形件旋压成形

a）普通旋压　b）锥形件剪切旋压　c）正旋　d）反旋

喷射成形坯料的旋压和致密金属的旋压有所不同，喷射成形材料在旋压过程中既有塑性变形，又有致密化，而后者只有塑性变形。多孔材料在旋压初期是以致密化为主，塑性变形为辅，而在旋压后期是以塑性变形为主。

8.5.2　工艺参数对旋压变形的影响

1. 道次压下量对管材性能的影响

旋压道次压下量对旋压过程的影响非常明显。如果采用常规合金的旋压参数，在第一或第二道次旋压管头部即出现多道纵向裂纹，使旋压过程难以继续进行。对于喷射成形多孔坯，需采用小道次压下量多道次旋压，尤其是第一和第二道次压下量要小，即可避免旋压开裂现象。

旋压成形喷射成形 Al-9.4Fe-1.5V-2.1Si 合金管材，第一和第二道次的压下量均应控制在 20% 以内，后续道次的压下量可稍微增加，管材的密度变化见表 8-2。由表 8-2 可见，Al-9.4Fe-1.5V-2.1Si 合金挤压管材经第一道次旋压后，密度无明显变化，而经第二道次后，管材密度明显提高。由此可见，第一和第二道次采用小压下量旋压可避免开裂。因为经过两个道次的旋压后，管材密度得到了提高，因而再进行后续加工时，对道次压下量的要求没有前两个道次苛刻，类似于普通合金的旋压工艺。

表 8-2 管材的密度变化

合金(质量分数,%)	沉积坯	挤压	压下量			
			16%	26%	38%	56%
			密度/(g/cm³)			
Al-9.4Fe-1.5V-2.1Si	2.68	2.95	2.952	2.957	2.958	2.959

2. 旋压温度对管材力学性能的影响

旋压温度对旋压管力学性能的影响，与析出相的粗大化有关。温度越高，析出相越容易粗大，从而导致材料性能下降。但随着旋压温度的降低，管材的开裂倾向增大，从而使成品率降低。

内径 153mm 喷射成形 FVSO8012 挤压管材在不同温度进行旋压，旋压温度对旋压管材力学性能的影响见表 8-3。在 480℃ 时开始旋压，得到的旋压管材室温和高温强度均有降低。而在 450℃ 和 350℃ 旋压时，旋压管的室温强度均有提高且后者高，但高温强度均无明显变化。这说明旋压温度越低，旋压管材的室温强度越高。

表 8-3 旋压温度对旋压管材力学性能的影响

旋压温度/℃	25℃力学性能			35℃力学性能		
	规定塑性延伸强度 $R_{p0.2}$/MPa	抗拉强度 R_m/MPa	断后伸长率 A(%)	规定塑性延伸强度 $R_{p0.2}$/MPa	抗拉强度 R_m/MPa	断后伸长率 A(%)
挤压态	329	415	8.9	165	188	7.6
480	315	361	11	141	157	7.8
450	381	445	6.2	161	185	6.9
350	402	456	6.3	165	187	6.7

3. 退火温度对内应力和力学性能的影响

管材在旋压过程中和旋压后，为了消除内应力，必须进行去应力退火。喷射成形耐热铝合金管材在旋压过程中退火，退火温度对内应力和力学性能的影响见表 8-4。在 425℃ 退火时，虽然可以起到消除内应力的作用，但是材料的拉伸性能有一定的损失。而在 350℃ 退火时，同样可以起到消除应力的作用，而且对材料力学性能没有明显影响。由此可见，耐热铝合金管材在 350~425℃ 之间退火，已足以消除内应力。为了不影响其力学性能，退火温度宜选较低温度。

表 8-4 退火温度对内应力和力学性能的影响

压下量(%)	425℃退火处理			350℃退火处理		
	规定塑性延伸强度 $R_{p0.2}$/MPa	抗拉强度 R_m/MPa	断后伸长率 A(%)	规定塑性延伸强度 $R_{p0.2}$/MPa	抗拉强度 R_m/MPa	断后伸长率 A(%)
0	317	415	7.9	—	37	—
45	382	444	8.3	178	185	12.5

8.6 楔形压制

楔形压制的基本原理是：利用楔形压头预压斜面与粉末体间的摩擦而产生的自锁作用，阻止在垂直压力作用下产生侧压力，使粉末体向后滑动来实现成形。当楔形压头第一次下落压制时，凹模左端的模板阻止粉末前移，凹模右端由于预压带的楔形斜面与预压粉末的摩擦力作用，使预压带的坯块形成后壁。两侧是钢板组成的模槽夹板。楔形压头在这样的情况下下压使粉末体实际上处于封闭模具中，粉末便被压紧。在随后的压制过程中，随凹模左端被压紧的压坯已成为模壁而阻止粉末向前移动，模板即可除去。楔形压制的装置如图8-9所示。

陈振华教授等根据楔形压制的原理和楔形压头的设计原则，将此种工艺发展为一种喷射成形坯料的楔形热压和楔形锻造工艺。如图8-10所示，在一定温度下，楔形压头按环件旋转楔压（锻）或按直线方向楔压（锻），以及采用楔压（锻）工艺对大型环件、板件、管件进行致密。

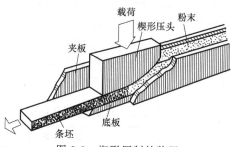

图 8-9　楔形压制的装置

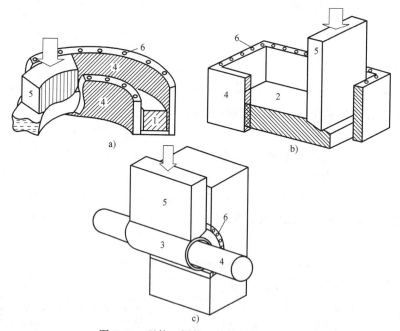

图 8-10　环件、板件、管件的楔形压制

a）环件楔形压制　b）板件楔形压制　c）管件楔形压制

1—环件　2—板件　3—管件　4—模具　5—压头　6—加热装置

一般来说，楔形热压和楔形锻造虽然能够将喷射成形坯完全致密化，但由于颗粒缺少剪切变形，所以部件性能较差。当在环件周围留有一定间隙以及在板件四周留有一定间隙，通过楔形热压或楔形锻造使喷射成形坯产生一定的横向变形，部件性能可以大幅度提高。其压制过程如图 8-11 所示。

第 1 步：压制准备，将喷射成形大型坯件放入环形模具的外模壁内和内模壁之间的模槽内，若采用热压，则利用模具加热装置将环形模具和喷射成形大型坯件加热到预定温度。

第 2 步：进行第一次压制，坯件从左到右受到不同程度的变形。压下量可由限位装置精确控制。

第 3 步：抬起楔形压头。

第 4 步：旋转盘带动楔形压头旋转一定角度和旋转小段距离。

第 5 步：进行第二次楔形压制。

重复上述 2～4 步，将喷射成形大型坯件整体压制完成后即实现了一道次压制，同样过程进行坯件的第二道次压制，直至喷射成形大型坯件到达致密度要求。在压制过程中，楔形压头单次压下量很小，并采取步进式方式，从一段开始压制，每次向前移动一个跨距，直至压完全程，通过逐道次累计，使多孔体喷射成形大型坯件致密成形、压出连续的喷射成形大型坯件。

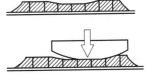

第1步

第2步

第3步

第4步

第5步

图 8-11　楔形压制过程

8.7　喷射成形坯的半固态成形

半固态成形是在金属固液两相区某一温度利用非枝晶浆液组织的优良流变性能，进行近净成形的一种工艺。传统的半固态成形工艺存在一些缺点，如容易产生氧化物夹杂、不能根除缩孔缺陷、难于制备大型制品，生产成本高等。将喷射成形技术和半固态成形技术相结合能有效地克服这些缺点，其优越性主要表现在：

1）采用半固态加工喷射成形坯，将会大大降低变形抗力，减少能耗，能成形表面质量好的具有复杂结构的制品，机加工量大为减少，节约了原材料，降低了成本。由于变形力低，温度也不是很高，因而模具损耗小。

2）以喷射成形作为制备半固态锭坯的手段，能得到一般熔铸条件无法实现的细晶组织及某些高合金成分，尤其是均匀弥散的喷射成形颗粒增强金属基复合材料，从而有利于提高半固态加工产品的性能。

3）喷射成形坯的半固态加工克服了半固态成形容易产生的氧化物夹杂、缩孔等缺陷，而且易于制备大型制品，同时喷射成形坯的半固态成形也克服了喷射成形不能制造复杂件的缺点。

喷射成形坯的半固态成形方法有沉积坯的半固态压铸和半固态挤压两种。

8.7.1 半固态压铸

半固态压铸的成形性与温度关系密切，温度越高，制件外观越光洁，成形性越好。由于模具吸收大量热量，成形速度快才能保证液相在变形过程中一直存在，有优越的流变性，尤其对形状复杂的薄壁部位的成形具有决定意义。

在不同温度下，对喷射成形 6066 铝合金进行半固态压铸。在压铸变形过程中，液相凝固后没有形成枝晶组织，与等温处理 6066 铝合金中所观测到的枝晶组织不同。这是因为变形过程中刚形成的枝晶被不断剪切破碎。压铸后晶粒度高于等温过程相同温度和时间处理所对应的晶粒度，这可能与变形过程中孔隙的消除促进了晶粒合并有关。靠近模套内壁的组织较细小，大晶粒延展，宏观上呈现一定程度的流线组织。

8.7.2 半固态挤压

喷射成形坯半固态挤压的一个显著优点是其挤压力远低于全固态热挤压，约为后者的 1/4，完全可在小型压力机上实现大坯料的挤压成形。几种喷射成形坯料的半固态挤压力见表 8-5。

表 8-5　几种喷射成形坯料的半固态挤压力

材料	6061		6061/SiCp			6066		6066/5%[①] SiCp		
温度/℃	645	655	645	655	480[②]	610	620	610	620	480[②]
挤压力/MPa	360	240	360	264	1200	408	408	432	480	1200

① 质量分数。

② 挤压比为 25∶1（面积）。

通过对喷射成形 6000 系铝合金及其 SiC 颗粒增强复合材料的半固态挤压成形发现，该工艺具有如下优越性：

1）喷射成形的细等轴晶组织具有与传统铸造材料不同的粗化特征。该特征主要表现在，液相线温度以下不发生明显的长大。其主要原因是晶界迁移受到晶间难熔质点和微孔的阻碍。在液/固两相区，固相颗粒随温度和保温时间的增加而不断长大，遵循 Ostwald 粗化机制。温度对粗化的影响更为显著。长大过程中保持等轴晶形貌，液相分布于固相颗粒之间，不发生密度偏聚，是适于流变成形的组织。

2）半固态成形力仅为普通全固态压力加工的 1/4~1/2，可在小型压力设备上成形大型的喷射成形坯件。借助喷射成形材料的优越组织，可制备出组织细小、形状复杂的高性能材料，综合力学性能达到或优于普通挤压或锻造材料。

3）喷射成形半固态挤压工艺可在较宽的温度范围成形。但对于制件形状复杂，对流变性能敏感的压铸等工艺，则有较高控温精度要求，否则会产生制件的宏观、微观缺陷。

4）SiC 增强颗粒与铝合金基体在半固态工艺中不发生明显的界面反应。当液相量足够多，能让 SiC 颗粒在变形过程中随液相流动时，会引起 SiC 的轻微偏聚。变形越大，越有利于 SiC 颗粒的分散。

第9章

先进喷射成形技术

随着喷射成形技术的发展，在 Osprey 技术的基础上又发展了反应喷射成形和双金属喷射成形等材料制备技术，以适应科技发展对高性能材料的需要。

9.1 反应喷射成形技术

金属基复合材料的反应合成法是指在一定条件下，借助合金成分设计，在基体金属内原位反应形核，生成一种或几种稳定的增强相的方法。这种增强相一般是具有高硬度、高弹性模量和耐高温强度的陶瓷颗粒，如氧化物、碳化物、氮化物、硼化物和硅化物颗粒等。它们往往与传统的金属材料如 Al、Mg、Ti、Fe、Cu 等，或 NiTi、AlTi 等金属间化合物复合，从而得到具有优良性能的结构材料或功能材料。与传统外加增强相的金属基复合材料相比，反应合成法具有以下优点：

1）增强相由反应生成，细小且弥散均匀分布。

2）一般来说，增强相表面无污染，与基体结合良好。

3）增强相热力学稳定，可大幅提高复合材料的高温性能。

4）具有工艺简便、成本低等特点，可制取形状复杂、尺寸大的构件。

因此，反应合成法被认为是最有希望实现产业化的工艺技术之一。

反应喷射成形是将喷射成形技术与反应合成技术相结合的一种制备新型颗粒增强金属基复合材料的新方法。

在反应喷射成形中获得均匀、弥散析出的增强颗粒是获得高性能复合材料的关键技术之一。由于该项技术正在发展中，还存在一些难以解决的问题，如气液反应得到增强相主要分布在晶界区，强化效果不明显；有些液液反应过于激烈，难于控制，能够选择的固液反应较少等。但只要不断优化工艺，反应喷射成形技术有望在短期内取得突破。

9.1.1 基本原理

在多层喷射成形装置的基础上进行少量的改动，就可改进为反应喷射成形装置，如图 9-1 所示。喷嘴采用双环喷嘴，反应剂的输送装置与多层喷射成形中的增强颗粒输送装置相同。

反应喷射成形技术的基本原理是：采用双环雾化喷嘴，改反应剂由雾化锥外加入为喷枪内加入，喷枪的外环为高压雾化气，内环为反应剂粉末的入口，粉末受一定压力的气流喷入，并与高温的金属液流接触并发生相关反应，从而生成新的弥散分布的增强颗粒，以获得高性能复合材料。使用双环喷嘴的优点是：

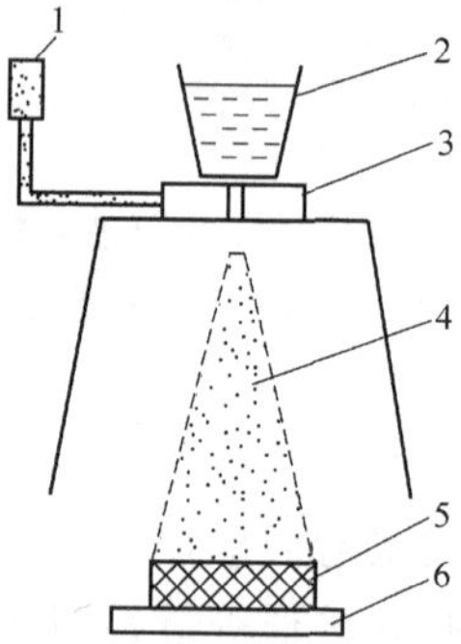

1）反应剂粉末与金属液接触早，金属液温度下降少，热焓高，能为反应提供较大的驱动力。

2）金属液流和反应剂粉末被高压雾化气体包裹，并在其作用下得到均匀分布的沉积坯。

图 9-1 反应喷射成形装置

1—输送装置 2—坩埚 3—双环缝喷嘴
4—喷射流 5—沉积坯 6—基体

3）反应剂粉末与金属一起沉积下来的接触时间较长，有利于反应充分进行。

4）充分利用高压雾化气出口处的负压带走反应剂，从而避免反应剂在喷嘴处的堵塞。

9.1.2 工艺参数

1. 熔体温度和反应剂预热温度

对于反应喷射成形来说，熔体的温度不仅关系到熔体的单位时间内的喷射量，还关系到反应剂与熔体的反应速度。一般来讲，温度越高，反应速度越快。

在给定的导流管直径（$\phi = 3.6mm$）和沉积高度（$H = 200mm$）的情况下，不同金属液体温度下喷射成形的雾化效果和反应情况（制备 Al/Fe_2O_3 复合材料）见表 9-1。

表 9-1 不同金属液温度下喷射成形的雾化效果和反应情况

温度/℃	960	980	1000	1020
雾化沉积情况	雾化效果好,表面光滑	雾化沉积效果好,表面光滑	雾化沉积效果好,表面液相大	成形性差,表面粗糙,液相往外飞溅
反应情况	未见反应	有反应	有明显反应	反应比较剧烈

事先预热反应剂能改善其与金属液滴的湿润性，也可以为反应提供一定的驱动力。在反应喷射成形 Al/Fe_2O_3 复合材料时，对比研究 Fe_2O_3 在预热温度为 25℃、

200℃、350℃三种条件下加入，发现在 350℃ 时加入反应剂的效果较好，能观察到明显的反应发生。

2. 导流管直径

导流管直径的大小对雾化效果有着明显的影响，导流管直径的大小直接决定了金属液的流量，大的金属液流量携带的热量大对反应的进行有利。在同样的金属液温度（1000℃）和沉积高度（220mm）下，导流管直径对反应喷射成形 Al/Fe_2O_3 复合材料的影响见表 9-2。

表 9-2　导流管直径对反应喷射成形 Al/Fe_2O_3 复合材料的影响

导流管直径/mm	3.2	3.6	3.8	4.1
雾化沉积情况	雾化效果好，表面光滑，锯断后断面致密	沉积效果好，表面光滑，锯断后断面较致密	雾化效果尚好，表面液相较大，断面较疏松	雾化效果欠佳，表面粗糙，断面组织疏松
反应情况	较难反应	有反应发生	有反应发生	有明显的反应发生

3. 沉积高度

沉积高度在喷射成形过程中也是一个重要的参数，直接控制了在沉积时固相与液相的比例。沉积高度过大，沉积时的固相比例大，表层液相不足，引起沉积率下降，过喷增多；沉积高度过小，则会使液相比例增大，沉积坯冷却速度降低，同时高压雾化气体会将坯体的液体向四周吹溅开，因此也不利于沉积。对于纯铝来说，凝固是在某一温度下进行的，而不像合金熔体凝固时有一温度区间，因此在其未达到其凝固点时仍为液态，故在温度较高时（1020℃）的雾化沉积效果欠佳，但在提高喷射距离时将会有较好的雾化沉积效果。在 104~260mm 范围内变化沉积高度发现，沉积高度在 220mm 时比较适宜，此时沉积坯表面光滑，锯开后断面均匀致密。

9.1.3　反应喷射成形复合材料的制备

将铝液加热到 1000℃，使用双环缝喷嘴进行雾化沉积，采用压力为 1.1MPa 的工业纯氮气对铝液进行雾化沉积，采用 0.6MPa 的工业纯氮将 Fe_2O_3 粉末送入铝液雾化锥来制备 $Al-Fe/Al_2O_3$ 复合材料。喷射高度为 200~220mm，铝液流量为 35g/s，基体加热到 350~400℃，Fe_2O_3 粉末加热到 300~350℃。

反应喷射成形 $Al-Fe/Al_2O_3$ 复合材料的微观组织及能谱分析如图 9-2 所示。

在金相显微镜下观察可以发现，Al 基体中弥散分布着呈灰色的块状物和黑色的 Fe_2O_3 及孔洞。二次电子相和能谱分析可以发现：1 区域颗粒的 Al 和 O 含量较高，这是由于颗粒细小（1~2μm），在进行扫描时，该细小颗粒周围的 Fe 也会受到激发而在能谱图上出现 Fe 的衍射峰，因此可以认定这些粒子为 Al_2O_3；2 区域的

Fe 和 O 含量均很低，是 Al 基体；3 区域为约 $5\mu m$ 大小的 Fe 含量很高而 O 和 Al 含量均很低，可以认为是被完全还原了的 Fe 的团聚物；白色颗粒 4 在二次电子相和背散射电子相下的衬度没有明显的变化，Al 含量很低，可以认定为未被完全还原的 Fe 的氧化物（FeO_x），其原因是 Fe 以氧化物的形式存在的量比较大，在完成 $Fe_2O_3 \rightarrow Fe_3O_4$ 的反应后无驱动力而停止反应，而氧化物的颜色有区别，所以在制备 Al/Fe_2O_3 坯体时可以发现坯体表面颜色的变化。

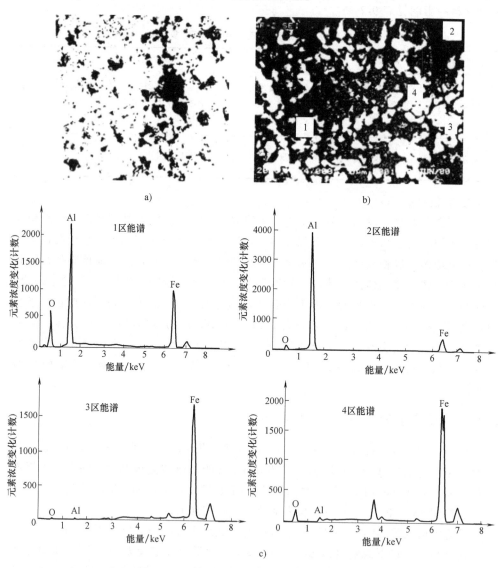

图 9-2　反应喷射成形 $Al\text{-}Fe/Al_2O_3$ 复合材料的微观组织及能谱分析

a）金相组织（×200）　b）二次电子相　c）能谱

9.1.4　反应喷射成形技术的应用及特点

采用反应喷射成形技术制备颗粒增强复合材料时，增强颗粒是通过喷射过程中熔体与反应剂之间的剧烈反应而获得的，其在沉积坯中呈均匀、弥散的分布，且颗粒非常细小。通过调节反应剂的加入量和相关工艺参数，可以获得一定含量的复合材料沉积坯。例如：在喷射成形制备 $Al\text{-}Fe/Al_2O_3$ 复合材料过程中，增大 Fe_2O_3 的加入量，可使 Al_2O_3 的质量分数达到20%以上，且不会发生 Al_2O_3 在熔融铝液中分离成渣。

基于此，反应喷射成形制备 $Al\text{-}Fe/Al_2O_3$ 合金的应用如下：

1）直接制备 Al（合金）$/Al_2O_3$ 复合材料。

2）作为母合金直接加入到金属熔体中，用喷射成形法制取复合材料，如 $Al\text{-}Fe\text{-}Ce/Al_2O_3$，$Al\text{-}Fe\text{-}V\text{-}Si/Al_2O_3$ 等。

3）作为晶粒细化剂用于铝等铸造合金，以提高合金性能。

在喷射成形过程中，金属液被充分雾化成细小的液滴，从而具有很大的体表面积，在一定的过热条件下，可以为喷射成形过程中熔滴与外加反应剂接触并发生化学反应提供驱动力。综合而言，反应喷射成形技术有如下几方面的特点：

1）反应喷射成形技术结合了熔化、快速凝固的特点，能得到比较细小的晶粒组织，而且在保证细晶基体和增强颗粒分布均匀的同时，也保证了氧化物颗粒与基体间良好的化学和冶金结合，反应生成的陶瓷相颗粒非常细小，从而制得性能优良的复合材料。

2）在反应过程中充分利用金属液的过热，在高压雾化气体作用下破碎成为细小的颗粒，促进反应的进行，达到了节约热能的目的。

3）与其他原位反应制备复合材料相比，反应喷射成形技术可以选择价廉的反应物（如 CuO、Fe_2O_3）与基体金属反应，混合、反应、沉积可同时完成，因而工艺简单，成本低。

4）可以通过控制反应剂的加入量、粒度特征及喷射成形工艺参数来控制生成陶瓷相的数量、分布和粒径的大小等，而且在喷射成形过程中不会产生类似于反应铸造中陶瓷相颗粒上浮的现象。沉积坯基体组织细小，氧化物弥散均匀分布有利于生成细小而分布均匀的弥散增强相颗粒，从而避免了增强相粒子在其他方法中的偏聚现象。

总之，反应喷射成形技术能简单快速地制得具有较高的常温和高温强度，以及高耐磨性、耐热性的颗粒增强金属基复合材料，因此具有广阔的发展与应用前景。

9.2　双金属喷射成形技术

双金属材料是指由两种不同金属相互完好地结合在一起，而其性能优于单一金属层的复合材料。制备双金属的方法有很多，如离心铸造、异温轧制、异步轧制、爆炸轧制等，但都在一定程度上存在设备投资成本大、自动化程度低、界面结合强度低和普适性不强等不足。本节介绍的喷射成形技术制备双金属材料能很好地解决上述问题，具有明显的优越性。

9.2.1 基本原理

采用多层喷射成形装置来制备双金属材料，其装置见本书第 7 章。多层喷射成形技术制备双金属材料的基本原理是：在一种金属材料基体上多层喷射成形另一种金属熔体，通过喷射液的过温度使喷射液滴与基体表面产生冶金结合并不断沉积。

与传统制备工艺相比较，采用多层喷射成形技术制备双金属材料的优点是：

1）可以充分发挥多层喷射成形工艺在金属材料制备上的优势，如成分均匀、冷却速度高、过饱和度大、无偏析等。

2）易于实现产业化，提高能源利用率和生产率。

3）可生产任意宽度、厚度的高质量的双金属板材。

4）材料消耗量小，工序少，成本低，结合强度高。

5）生产灵活性高，在同一装置可生产多种双金属材料。可沉积形成梯度复合双金属材料或在沉积层的金属组元中加入颗粒增强材料，进一步提高双金属的性能。

9.2.2 工艺参数

1. 熔体温度

熔体温度对双金属制备有较大影响。当熔体温度较低时，沉积体呈类似于粉末堆积体，难以实现两种金属材料之间的冶金结合；当沉积温度升高时，雾化过程中金属射流中的液相逐渐增加，成形性变好，致密度也上升，但沉积坯的冷却速度大大降低，双金属的综合性能变差。

在制备铝/钢双金属时，喷射高度固定不变，采用不同的熔体温度。熔体温度对铝/钢双金属制备的影响见表 9-3。

表 9-3　熔体温度对铝/钢双金属制备的影响（沉积高度为 200mm）

熔体温度/℃	750	800	850	900	950
沉积坯状况	沉积困难，呈粉末状，成形性差	可沉积成形，但极疏松，类似粉末	成形性较好，但致密度不够	沉积表面光滑，断面锯开后较致密	沉积过程中液相过多，被吹得飞溅

2. 基体温度

影响界面结合的最重要因素是基体温度，基体的初始预热温度越高，喷射成形层与基体结合越好。破坏沉积层与基体结合的主要原因是沉积层与基体间的热膨胀系数不同而产生的层间热应力。提高基体的预热温度，可以有效减小沉积层与基体之间热应力，提高沉积层与基体的结合强度；同时提高基体表面温度还能改善雾化流与基体的浸润条件，从而提高沉积层与基体结合强度。在喷射成形制备铝/钢双金属材料过程中，不同基体预热温度下沉积层与基体的结合情况如表 9-4 所示。

表 9-4　不同基体预热温度下沉积层与基体的结合情况（铝/钢双金属）

基体预热温度/℃	-10	25	150	350	550
结合状况	与基体不黏结，即使降低喷射高度也没用	与基体的结合差，降低沉积高度，略有提高	较好，有一定结合，但有部分未结合	好，且沉积表面光滑	好，但沉积表面粗糙，基体变形

在制备铜/钢双金属时，由于铜的热导率高，加之沉积层冷却速度大，这固然对防止铝相偏聚有利，但同时也造成双金属界面热应力增大。另外，铜铝合金的塑性比铝差得多，故当预热温度低时，沉积层与基体在随后的冷却过程中，铜铝沉积层产生裂纹。当基体表面的预热温度升高时，界面的热应力变小。但如果基体温度过高，沉积层在基体的散热能力下降，冷却速度减小，会导致组织铸态化，而且钢基体退火严重、变形弯曲加大，故基体预热温度也不能太高。

3. 喷射高度

一般来说，喷射高度越低，喷射成形的固液两相喷射流中液相量越高，沉积层表面的温度也越高，但过高的液相量使得喷射组织铸造化。另外，喷射成形初期，基体温度相对较低，随着基体温度逐渐升高，沉积表面的液相量增加，故应该采用变高度喷射工艺。

在制备铜/钢双金属时，金属液流温度为 1250℃，基体预热温度为 550℃ 时，改变喷射高度对双金属制备状况的影响见表 9-5 所示。

表 9-5　改变喷射高度对双金属制备状况的影响

喷射高度/mm	沉积状态
170	铜基体表面有液相流淌，(沉积层表面发红)，基体变形弯曲
190	铜基体表面沉积液相减少，但沉积后基体有轻微变形
210	雾化沉积较理想，基体变形很小，结合紧密
230	雾化沉积较好，基体基本不变形，但与基体结合不紧密
250	雾化充分，基体不变形，但沉积组织疏松，结合不紧密

4. 基体表面改性

基体表面状况直接关系到双金属界面的结合程度，除采用常规的金属表面脱脂、抛光、酸洗等工艺处理外，还可采用金属表面改性处理，如电镀、热浸镀等，以进一步提高喷射成形过程中双金属界面的结合质量。

在喷射成形制备铜/钢双金属时，采用电镀纯铜作为表面改性的手段时，电镀工艺要严格控制。虽然采用电镀铜后，铜合金在基体表面的铺展和浸润大大加强，但是若电镀层结合不紧或镀层与基体间有残留酸没有清洗干净，沉积时，镀层会脱落或产生气泡，使双金属结合困难。电镀工艺有利于双金属结合，原因有以下几点：

1）加强了沉积金属在基体表面的铺展和浸润。

2）减少了基体在加热过程中的氧化。

3）镀层可松弛沉积层与基体之间的应力。

采用热浸镀铜工艺对基体表面改性的效果更好一些，分析其主要原因与电镀铜有类似的优点。电镀铜存在的镀层结合不紧和电镀液残留的不利影响对热浸镀来说是不存在的。热浸镀后，喷射成形制备双金属，沉积层与基体的结合由异种金属原子的结合改变为同类原子的结合，双金属的应力得到松弛，结合强度得到提高，而且沉积层的组织与普通工艺没有什么变化，沉积后过渡层与沉积层融为一体，没有明显界面。这是一种对两种结合较弱的金属运用多层喷射成形工艺制备双金属较好的方法。喷射成形制备铜/钢双金属过程中，基体表面改性对界面结合的影响见表9-6。

表9-6　基体表面改性对界面结合的影响

基体处理工艺	结 合 状 况
电镀纯铜	液滴的铺展和浸润加强。剥离时，沉积层与基体结合界面比未镀的沉积层疏松明显减少；若镀层不牢，则沉积时就产生分层
热浸镀铜	液滴的铺展、漫流比未处理的基体上容易，结合强度比电镀工艺更高，而且易控制

9.2.3　喷射成形铝/钢双金属板的制备

铝具有优良的导电性、热传导性、反光性、耐蚀抗氧化性以及良好的塑性、密度小的特点；而钢具有价格低廉、强度高的优点。铝/钢双金属材料能充分发挥各组元的优点，具有优良的综合性能。

由于纯铝和钢极易生成铁铝金属间化合物，如 Al_3Fe、Al_5Fe_2、Al_2Fe、$AlFe$ 和 $AlFe_3$。而这些金属间化合物都是脆性相，如果含量过多会影响材料的结合，并会降低沉积层的塑性和耐蚀性。另外，固态钢和液态铝接触时，即喷射成形过程中的凝固阶段，金属射流中的液相分数在钢基体表面撞击铺展时，发生液态铝与固态钢相互吸附、漫流、浸润以及元素之间的物理扩散和化学作用等现象，纯铝易与钢基体表面形成的各种金属间化合物，均对浸润有阻碍作用。再者，喷射成形工艺要求金属射流是固/液混合射流，要求合金熔体凝固时有一区间范围，但对纯金属来说其凝固是一个恒温过程。因此，制备铝/钢双金属材料时，选择铝硅合金作为沉积材料来与钢基体复合。

制备铝/钢双金属材料时，采用的基体材料为冷轧低碳钢。首先在剪板机上截取 500mm×300mm×1mm 的钢板，采用工业生产常用的钢铁零件清洗配方，对钢板进行碱洗脱脂，再进行酸洗去锈，干燥后待用。在喷射成形前用手砂轮或滚花再对其进行粗糙化处理，处理后用丙酮清洗残屑，并用电热装置对基体进行预热，预热温度为 350℃。制备铝钢双金属时，采用固定喷射高度（定为 200mm），喷射温度为 900℃。

合金采用 Al-4Si 合金，在电阻炉中熔化，进行除气、除渣、保温 20min 后进行喷射。多层喷射成形的工艺参数见表 9-7。

表 9-7　多层喷射成形的工艺参数

合金	导流孔直径/mm	金属液流速度/(g/s)	相对运动速度/(cm/s)	雾化压力/MPa	雾化角/(°)	雾化室体积/m³	雾化介质
Al-4Si	2.8~3	30~35	60~70	0.88~1.0	10	3	N_2

采用上述工艺制备的铝/钢双金属界面的显微结构如图 9-3 所示。由图 9-3 可见，铝和铁的成分在界面没有突变，没有较厚的中间层出现，中间层的厚度为 6~8μm；沉积层内部存在孔洞，而钢基体仍为铁素体和珠光体，这说明多层喷射成形工艺制备铝/钢双金属没有改变沉积层与基体金属的组织结构。如果不对铝/钢喷射成形坯进行后续加工，内部的孔洞疏松无疑会限制其使用。

对喷射成形铝/钢双金属板坯采用热轧制工艺进行加工，其热轧制工艺参数见表 9-8，轧制结果见表 9-9。由表 9-9 可见，随着沉积坯变形程度增加，沉积层密度、硬度和黏结强度均得到提高。其原因主要是，铝/钢双金属轧制时，由于两层金属变形不同，铝层的塑性变形大，使铝层受到的拉应力减少，而钢基体的塑性变形小，使之所受压应力也减少。同时由于是热轧，也可消除部分

图 9-3　铝/钢双金属界面的显微组织结构

残余的双金属的层间热应力。应力松弛后，双金属结合进一步加强，控制合适的变形量，可消除双金属板材的层间应力，而使结合作用强化。这是轧制对多层喷射成形工艺制备双金属板材的独特优势。温度越高，变形度越大，结合强度也明显上升。

表 9-8　铝/钢双金属板坯的热轧制工艺参数

轧制温度/℃	400	450	500
保温时间/min	30	30	30
变形程度 ($\ln\frac{\text{轧制后板厚}}{\text{轧制前板厚}}$)	$\ln\frac{11}{15}$	$\ln\frac{7}{15}$	$\ln\frac{3}{15}$

表 9-9　铝/钢双金属板坯的轧制结果

状态		原始板坯	400℃	450℃	500℃
变形程度		0	$\ln\dfrac{11}{15}$	$\ln\dfrac{7}{15}$	$\ln\dfrac{3}{15}$
显微硬度 HV0.02	钢	168.1	189	180	178.7
	铝	41.9	41.0	60.2	64.4
沉积层密度/(g/cm^3)		2.3362	2.6486	2.6534	2.6620
黏结强度/MPa		—	19.73	21.83	≥28.74

9.2.4　喷射成形制备双金属的特点

喷射成形制备双金属的特点如下：

1）采用多层喷射成形工艺制备双金属板材，可以在充分发挥传统喷射成形工艺优点的同时，制备界面结构强度高的铝/钢双金属板，且钢基体的强度无明显下降。

2）采用热致密化（轧制）后的双金属的界面黏结强度大（铝/钢界面的黏结强度约为 28.74MPa）。

3）扩散退火可加强双金属界面的冶金结合。

4）双金属板的基体经预处理后，多层喷射成形的沉积层与基体的结合得到强化，中间过渡层可减少界面应力，加强结合作用。

5）可采用连续喷射成形的方法，制备双金属梯度复合板。可采用先喷高熔点合金后喷低熔点合金的方法，减少结合界面的中间相。

6）采用变高度沉积是多层喷射成形制备双金属板的重要工艺。

7）基体预热，不仅有利于加强喷射成形固/液金属射流在基体表面的润湿和铺展，而且可减少双金属界面结合热应力，以及提高原子活性。

8）多层喷射成形工艺在制备板材工艺方面的优越性可以在双金属制备过程中体现。

参 考 文 献

[1] 陈振华. 现代粉末冶金技术 [M]. 北京：化学工业出版社，2007.

[2] 范才河. 粉末冶金电炉及设计 [M]. 北京：冶金工业出版社，2013.

[3] 黄培云. 粉末冶金原理 [M]. 北京：冶金工业出版社，1981.

[4] 李月珠. 快速凝固技术与材料 [M]. 北京：国防工业出版社，1993.

[5] 陈振华. 多层喷射沉积技术及应用 [M]. 长沙：湖南大学出版社，2003.

[6] 程天一，章守华. 快速凝固技术与新型合金 [M]. 北京：宇航出版社，1990.

[7] 胡汉起. 金属凝固原理 [M]. 北京：机械工业出版社，2000.

[8] 郑兆勃. 非晶固态材料引论 [M]. 北京：科学出版社，1987.

[9] 陈振华，陈鼎. 快速凝固粉末铝合金 [M]. 北京：化学工业出版社，2009.

[10] 张荣生，刘海洪. 快速凝固技术 [M]. 北京：冶金工业出版社，1994.

[11] 张济山，熊柏青，崔华. 喷射成形快速凝固技术 [M]. 北京：科学出版社，2008.

[12] FAN C H, CHEN Z H, CHEN Z G, et al. Densification of large-size spray-deposited Al-Mg alloy square preforms via a novel wedge pressing technology [J]. Materials Science and Engineering A, 2011, 506 (1-2): 152-156.

[13] FAN C H, CHEN X H, Zhou X P, et al. Microstructure evolution and strengthening mechanisms of spray-formed 5A12 Al alloy processed by high reduction rolling [J]. Transactions of Nonferrous Metals Society of China, 2017, 27 (11): 2363-2370.

[14] FAN C H, PENG Y B, YANG H T, et al. Hot deformation behavior of Al-9.0Mg-0.5Mn-0.1Ti alloy based on processing maps [J]. Transactions of Nonferrous Metals Society of China, 2017, 27 (2): 289-297.

[15] FAN C H, HU Z Y, OU L, et al. Flow stress behavior of spray-formed Al-9Mg-0.5Mn-0.1Ti alloy during hot compression process [J]. Advanced in Energy Science and Equipment Engineering, 2017, (2): 973-976.

[16] GAO F, XU C, ZHAGN H P, et al. Core-shell structure Al-matrix composite with enhanced mechanical properties [J]. Mater Sci Eng A, 2016, 657: 64-71.

[17] SABBAGHIANRAD S, LANGDON T G. Developing superplasticity in an aluminum matrix composite processed by high-pressure torsion [J]. Mater Sci Eng A, 2016, 655: 36-45.

[18] SU B, YAN H G, CHEN G, et al. Study on the preparation of theSiCp/AI-20Si-Cu functionally graded material using spray deposition [J]. Mater Sci Eng A, 2010, 527 (24-25): 6660-6669.

[19] MAUDUIT D, DUSSERRE G, CUTARD T. Probabilistic rupture analysis of a brittle spray deposited Si-Al alloy under thermal gradient: Characterization and thermoelastic [J]. Mater Design, 2016, 95: 414-421.

[20] YU H C, WANG M P, JIA Y I, et al. High strength and large ductility in spray-deposited Al-Zn-Mg-Cu alloys [J]. Journal of Alloys and Compounds, 2014, 601: 120-128.

[21] MAZZER E M, AFONSO C R M, Bolfarini C, et al. Microstructure study of 7050 Al alloy re-

processed by spray forming and hot-extrusion and aged at 121℃ [J]. Intermetallics, 2013, 43: 182.

[22] GRANT P S. Spray forming [J]. Progress in Materials Science, 1995, 39 (4/5): 497-545.

[23] CHEN L, YAN A, LIU H S, et al. Strength and fatigue fracture behavior of Al-Zn-Mg-Cu-Zr (-Sn) alloys [J]. Transactions of Nonferrous Metals Society of China, 2013, 23: 2817-2825.

[24] JIA Y D, CAO F Y, NING Z L, et al. Influence of second phases on mechanical properties of spray-deposited Al-Zn-Mg-Cu alloy [J]. Materials and Design, 2012, 40: 536-540.

[25] LUO Z P. A TEM study of the microstructure of SiCp/Al composite prepared by pressureless infiltration method [J]. Scripta Mater, 2001, 45 (10): 1183-1190.

[26] YU K, LI S J, CHEN LS, et al. Microstructure characterization and thermal properties of hypereutectic Si-Al alloy for electronic packaging applications [J]. Transaction of Nonferrous Metals Society of China, 2012, 22 (6): 1412-1417.

[27] LI Y X, LIU J Y, WANG WS, et al. Microstructures and properties of Al-45% Si alloy prepared by liquid-solid separation process and spray deposition [J]. Transaction of Nonferrous Metals Society of China, 2013, 23 (4): 970-976.

[28] YANG Z L, HE X B, WANG LG, et al. Microstructure and thermal expansion behavior of diamond/SiC/(Si) composites fabricated by reactive vapor infiltration [J]. Journal of the European Ceramic Society, 2014, 34 (5): 1139-1147.

[29] ARPON R, MOLINA J M, SARAVANAN R A, et al. Thermal expansion behavior of aluminium/SiC composites with bimodal particle distributions [J]. Acta Metall, 2003, 51 (11): 3145-3156.

[30] HOGG S C, LAMBOURNE A, OGILVY A, et al. Microstructural characterisation of spray formed Si-30Al for thermal management applications [J]. Scripta Materialia, 2006, 55 (1): 111-114.

[31] JIANG C H, WANG D Z, YAO Z K. Analysis of thermal mismatch stress in the particle reinforced composite [J]. Acta Metallurgica Sinica, 2000, 36 (5): 555-560.

[32] YU F X, CUI J Z, RANGANATHAN S, et al. Fundamental differences between spray forming and other semisolid processes [J]. Materials Science and Engineering A, 2001, 304/306: 621-626.

[33] YU H C, WANG M P, SHENG X F, et al. Microstructure and tensile properties of large-size 7055 Al alloy fabricated by spray forming rapid solidification technology [J]. Journal of Alloys and Compounds, 2013 (11): 208-214.

[34] 范才河, 严红革, 彭英彪, 等. 大应变热轧喷射成形高镁铝合金的微观结构及力学性能 [J]. 中国有色金属学报, 2017, 27 (1): 64-71.

[35] 范才河, 陈喜红, 戴南山, 等. 变形条件对喷射成形 Al-9Mg-0.5Mn 合金动态再结晶的影响 [J]. 特种铸造及有色合金, 2016, 36 (1): 80-83.

[36] 范才河, 陈艺锋, 彭英彪, 等. 喷射成形 Al-12Mg-0.5Mn 合金的微观组织和力学性能研究 [J]. 金属材料与冶金工程, 2015, (04): 9-12.

[37] 熊柏青, 张永安, 石力开. 喷射沉积技术制备高性能铝合金材料 [J]. 材料导报, 2000,

14（12）：50-55.

[38] 高文理，苏海，张辉，等. 喷射共沉积 SiCp/2024 复合材料的显微组织与力学性能 [J].
中国有色金属学报，2010，20（1）：49-54.

[39] 陈刚，刘鹏飞，范才河，等. 大型喷射沉积环件的楔压致密化加工 [J]. 矿冶工程，
2006，26（2）：100-102.

[40] 詹美燕，夏伟军，张辉，等. 喷射沉积-挤压 FV0812 耐热铝合金的热压缩变形流变行为
研究 [J]. 湖南科技大学学报（自然科学版），2004，19（2）：37-41.

[41] 袁武华，詹美燕，徐海洋，等. 耐热铝合金的致密化工艺与材料性能 [J]. 材料开发与应
用，2003，18（3）：18-21.

[42] 袁武华，陈振华. 高性能耐热铝合金管材的制备及性能 [J]. 中南工业大学学报，2000，
31（5）：437-440.

[43] 单忠德，杨立宁，刘丰，等. 金属材料喷射沉积 3D 打印工艺 [J]. 中南大学学报，2016，
47（11）：3642-3647.

[44] 贺毅强，钱晨晨，李俊杰，等. 喷射沉积铝基复合材料再结晶控制与强韧化机制的研究
现状 [J]. 材料导报，2017，31（9）：90-97.

[45] 张荣华，张永安，朱宝宏，等. 挤压对喷射成形 Al-8.5Fe-1.3V-1.7Si-1.5Si 铝合金组织
与性能的影响 [J]. 材料导报，2013，27（7）：123-125.

[46] 陈刚，刘春铮，陈杰，等. 喷射沉积颗粒梯度增强铝合金活塞的锻压工艺 [J]. 湖南大学
学报，2017，44（6）：19-24.

[47] 刘斌，汪明朴，雷前，等. 喷射沉积法制备 Al-Zn-Mg-Cu-Zr 合金的显微组织与性能 [J].
中国有色金属学报，2015，25（7）：1773-1780.

[48] 王洪斌，黄进峰，杨滨，等. Al-Zn-Mg-Cu 系超高强度铝合金的研究现状与发展趋势
[J]. 材料导报，2003，17（9）：1-4.

[49] 何小青，熊柏青，张永安，等. 喷射沉积 Al-Zn-Mg-Cu 合金在挤压和热处理后的组织演变
[J]. 稀有金属材料与工程，2008，37（3）：534-537.

[50] 郑大亮，高鹏，尹建成，等. 2A12 铝合金喷射沉积坯的形状控制及显微组织 [J]. 机械
工程学报，2015，39（8）：22-38.

[51] 陈志刚，陈振华，王振生，等. 喷射沉积大尺寸 A356 铝合金管坯的组织与性能 [J]. 机
械工程材料，2011，35（8）：44-47.

[52] 张永安，熊柏青，韦强，等. 喷射成形制备高性能铝合金材料 [J]. 机械工程材料，
2001，25（4）：22-25.

[53] 陈飞凤，严红革，陈振华，等. 外框限制轧制工艺在喷射沉积板坯加工中的应用 [J]. 机
械工程材料，2007，31（2）：19-22.

[54] 张晨晨，袁武华. 热处理工艺对喷射沉积 7090/SiCp 复合材料断裂韧性的影响 [J]. 材料
导报，2013，27（7）：31-34.

[55] 刘敬福，范业超，梁爽，等. 基于 ANN 的喷射沉积 ZA35 合金热挤压工艺优化研究 [J].
兵器材料科学与工程，2013，36（5）：48-51.

[56] 朱学卫，王日初，彭超群，等. 过共晶铝硅合金的组织和热膨胀行为 [J]. 中南大学学
报，2016，47（5）：1500-1505.

[57] 廖开举，汪明朴，虞红春，等．热挤压对喷射沉积 7055 铝合金显微组织和力学性能的影响 [J]．粉末冶金材料科学与工程，2015，20（5）：802-807．

[58] 张永安，熊柏青，刘 江，等．喷射成型过程中雾化粒滴的数值模拟 [J]．中国有色金属学报，1999，9（S1）：78-83．

[59] 张永安，熊柏青，刘红伟，等．CuCr25 触头材料的喷射成形制备及组织分析 [J]．中国有色金属学报，2003，13（5）：1067-1070．

[60] 彭超群，黄伯云．喷射沉积技术 [J]．有色金属，2002，54（1）：12-26．

[61] 马万太，王晓勇，张 豪，等．往复式喷射沉积管坯制备中喷射高度的闭环控制 [J]．中国有色金属学报，2007，17（2）：254-259．

[62] 范才河．铝锂合金的喷射成形保护系统、喷射成形系统及制备方法：ZL201510729421.2 [P]．2017-12-05．

[63] 范才河．一种喷射沉积平台用的喷射机构：ZL201621104105.2 [P]．2017-04-19．

[64] 范才河．一种 3D 喷射成形装置：ZL201621104137.2 [P]．2017-060-27．

[65] 范才河．一种喷射沉积平台用的陶瓷颗粒送粉装置：ZL201621104138.7 [P]．2017-04-19．

[66] 范语楠，范才河．一种复合材料喷射成型系统：ZL201720405071.9 [P]．2017-11-14．

[67] 张豪．控制往复喷射成形装置：ZL2003230878.7 [P]．2004-05-21．

[68] 张豪，张荻，张捷，等．控制往复喷射成形工艺：ZL2003117066.8 [P]．2004-02-06．

[69] 范才河．喷射沉积 5A06 铝合金楔压致密化工艺的研究 [D]．长沙：湖南大学，2006．

[70] 詹美燕．喷射沉积材料压缩和轧制变形规律研究 [D]．长沙：湖南大学，2005．

[71] 吉喆．大尺寸 7075/SiCp 复合材料循环压制工艺的研究 [D]．长沙：湖南大学，2006．